普通高等教育工程训练系列教材

工程训练实习报告书

主编　曲晓海

参编　王树珊　王海涛　孙　煦　孙　帅

吕兴武　李晓春　陈　禹　张　双

杨　洋　周　亮　赵慧玲　郭艳秋

姜　城　姜云凯　耿冬妮　黄海龙

主审　毛志阳

机 械 工 业 出 版 社

本书主要包括车削、钳工、铣削、刨削、磨削、铸造、热锻、焊接、工业测量、机械拆装、机械制造工艺等常规工程训练内容和传统制造技术之外的特种加工技术、数控加工技术、气动和液压技术、电工电子技术等现代制造技术训练内容以及模具、3D 打印、机器人、智能制造、夹具等新的工程训练内容。

本书适用于普通高等院校工程训练课程使用，也可供职业教育及工程技术人员参考使用。

图书在版编目（CIP）数据

工程训练实习报告书/曲晓海主编. —北京：机械工业出版社，2020.8（2025.1 重印）

普通高等教育工程训练系列教材

ISBN 978-7-111-66252-5

Ⅰ.①工… Ⅱ.①曲… Ⅲ.①机械制造工艺-高等学校-教材 Ⅳ.①TH16

中国版本图书馆 CIP 数据核字（2020）第 140876 号

机械工业出版社（北京市百万庄大街 22 号 邮政编码 100037）
策划编辑：丁昕祯 责任编辑：丁昕祯 赵亚敏
责任校对：王明欣 封面设计：张 静
责任印制：常天培
北京机工印刷厂有限公司印刷
2025 年 1 月第 1 版第 8 次印刷
184mm×260mm · 6.25 印张 · 153 千字
标准书号：ISBN 978-7-111-66252-5
定价：19.00 元

电话服务	网络服务
客服电话：010-88361066	机 工 官 网：www. cmpbook. com
010-88379833	机 工 官 博：weibo. com/cmp1952
010-68326294	金 书 网：www. golden-book. com
封底无防伪标均为盗版	机工教育服务网：www. cmpedu. com

前　言

本书是根据教育部工程材料及制造基础课程指导小组制定的《普通高校工程材料及机械制造基础系列课程教学基本要求》编写的，是在结合吉林大学工程训练现状、总结几年来工程训练实践教学改革经验基础上编写的。本书与吉林大学工程训练实际紧密结合，配合曲晓海主编的《工程训练》《工程训练实训指导》使用。

本书是吉林大学“工程训练”课程的系列教材之一，便于学生在工程训练实习环节对实习内容进行复习、总结和归纳，也可作为面向社会进行工程训练培训的参考书，同时也可作为工程技术人员或相关工种操作人员的练习参考资料。

本书主编为曲晓海，参加编写的人员有：王树珊、王海涛、孙煦、孙帅、吕兴武、李晓春、陈禹、张双、杨洋、周亮、赵慧玲、郭艳秋、姜城、姜云凯、耿冬妮、黄海龙。

全书由长春工业大学毛志阳教授主审。在编写过程中，编者参阅了有关院校、企业、科研院所的一些资料和文献，并得到了许多领导和同行的支持与帮助，在此表示衷心感谢。

由于编者水平有限，时间仓促，疏漏和欠妥之处在所难免，敬请读者批评指正。

编　者

工程训练教学模块实录

目 录

前言
实习报告 1　铸造（一）…………………… 1
实习报告 2　铸造（二）…………………… 3
实习报告 3　热锻（一）…………………… 5
实习报告 4　热锻（二）…………………… 7
实习报告 5　焊接（一）…………………… 9
实习报告 6　焊接（二）…………………… 11
实习报告 7　车削加工（一）……………… 13
实习报告 8　车削加工（二）……………… 15
实习报告 9　车削加工（三）……………… 17
实习报告 10　车削加工（四）…………… 19
实习报告 11　钳工（一）………………… 21
实习报告 12　钳工（二）………………… 23
实习报告 13　钳工（三）………………… 25
实习报告 14　钳工（四）………………… 27
实习报告 15　铣削加工（一）…………… 29
实习报告 16　铣削加工（二）…………… 31
实习报告 17　刨削加工和磨削加工 …… 33
实习报告 18　工业测量（一）…………… 36
实习报告 19　工业测量（二）…………… 39
实习报告 20　工业测量（三）…………… 42
实习报告 21　机械拆装（一）…………… 44
实习报告 22　机械拆装（二）…………… 46
实习报告 23　机械拆装（三）…………… 48
实习报告 24　工装夹具 ………………… 50
实习报告 25　模具 ……………………… 51
实习报告 26　机械制造工艺 …………… 53
实习报告 27　数控车削加工（一）…… 55
实习报告 28　数控车削加工（二）…… 57
实习报告 29　数控车削加工（三）…… 59
实习报告 30　加工中心（一）………… 61
实习报告 31　加工中心（二）………… 63
实习报告 32　加工中心（三）………… 65
实习报告 33　智能制造 ………………… 67
实习报告 34　3D 打印 ………………… 69
实习报告 35　数控线切割加工（一）… 71
实习报告 36　数控线切割加工（二）… 73
实习报告 37　数控线切割加工（三）… 75
实习报告 38　气压传动（一）………… 76
实习报告 39　气压传动（二）………… 78
实习报告 40　液压传动 ………………… 80
实习报告 41　机电一体化 ……………… 82
实习报告 42　汽车电路 ………………… 84
实习报告 43　激光加工 ………………… 86
实习报告 44　电工电子（一）………… 88
实习报告 45　电工电子（二）………… 90
实习报告 46　工业机器人 ……………… 91
实习报告 47　竞技机器人（一）……… 93
实习报告 48　竞技机器人（二）……… 95

实习报告1　铸造（一）

一、判断题

1. 用型砂和模样等制造砂型的过程称为造型。（　　）
2. 造型舂砂时，若舂得很紧，会影响砂型的透气性，使铸件产生气孔缺陷。（　　）
3. 整模造型方法简单，适用于大批量生产、形状复杂的铸件。（　　）
4. 为了形成铸件的凸出部分，常使用型芯。（　　）
5. 芯头应有合适的形状和尺寸，以确保型芯定位准确，浇注时不产生位移。（　　）

二、选择题

1. 分型面应选择在（　　）。

A. 受力面的上面　　B. 加工面上　　C. 铸件的最大截面处

2. 合理选择浇注位置的主要目的是为了（　　）。

A. 简化工艺　　B. 保证铸件质量　　C. 提高劳动生产效率

三、填空题

1. 将________浇入________中，凝固后，获得一定形状铸件的方法称为铸造。

2. 造型方法可分为__________造型和____________造型两大类。

3. 常用的手工造型方法有__________造型、__________造型、__________造型、____________造型和____________造型等。

4. 分模造型适用于生产__________、__________和________类等形状较________，最大截面不在__________的铸件。其模样应从__________分开，造型时应分别置于__________和__________砂箱内。

5. 型芯的作用是形成铸件的__________，有时也形成铸件的__________。

四、简答题

1. 简述铸造生产的特点及应用。

2. 在铸件的什么位置设置冒口较好？为什么要用冷铁？

实习报告2　铸造（二）

一、判断题

1. 铁素体的强度、硬度较低，而塑性、韧性较好。（　）

2. 在不改变标准铸造流程的情况下，3D 打印蜡模为熔模铸造工艺引入更大的敏捷性、灵活性和成本效益。（　）

3. 3D 打印蜡模使精密铸造无需制作模具，节省了时间和经济成本。（　）

4. 球墨铸铁中石墨的形态是球状的，灰铸铁组织中石墨的形态是片状的。（　）

5. 手轮铸件的分型面为一曲面。（　）

二、填空题

1. 金相试样制备过程包括________、________、________、________、________和________。

2. 挖砂造型要求较高的________技术，且每造一个型需________一次，操作________，生产效率低，只适用于________生产。

3. 在室温下，铁碳合金的基本组织有________、________、________和________。

4. 熔模铸件的形状一般都比较复杂，铸件上可铸出孔的最小直径可达________，铸件的最小壁厚为________。

5. 熔模铸造工艺过程较复杂，且不易控制，使用和消耗的材料较贵，故它适用于生产________、________或____________________，如涡轮发动机的叶片等。

三、简答题

1. 画出你所观察到试样的图谱并说明是哪种材料。

2. 简述 3D 打印精密铸造的基本工艺。

实习报告3　热锻（一）

一、判断题

1. 可锻性是指材料承受切削加工的能力。（　　）
2. 锻造可以改变金属材料的组织性能也可改变其形状大小。（　　）
3. 一般来说，金属材料随加热温度的升高，其塑性也提高。（　　）
4. 光学高温计是一种非接触式测温仪表。（　　）
5. 锻造前加热使钢加热到过烧则该锻件只能报废。（　　）

二、选择题

1. 锻造的目的主要是（　　）。
A. 均匀组织、提高力学性能　　B. 提高生产力
C. 产生塑性、提高变形能力
2. 空气锤大小是由（　　）确定。
A. 打击力　　B. 落下部分的质量　　C. 静压力
3. 钢在加热时，高温下停留时间过长，表面的碳被熔化或氧化，使碳的质量分数下降，称为（　　）。
A. 过热　　B. 氧化　　C. 脱碳
4. 镦粗工序是指工件（　　）。
A. 直径增大、高度减小　　B. 截面积减小、长度增加
C. 沿轴线弯成一定角度
5. 使坯料在锤的上、下砧之间形成一定形状和尺寸的工艺称为（　　）。
A. 模具锻造　　B. 胎模锻造　　C. 自由锻造

三、填空题

1. 锻造是指______作用下，将金属材料形成______或尺寸的______的工艺。
2. 金属材料加热到开始锻造的温度称为______，停止锻造的温度称为______。
3. 空气锤落下部分包括______、________和________。

4. 镦粗工序包括______、________和________。

5. 金属材料锻造后冷却过程包括______、________和________。

四、简答题

1. 简述金属材料锻造的目的。

2. 什么是金属材料的加热温度范围？

3. 自由锻造有哪些基本工序？

4. 为什么材料加热后塑性会提高？

5. 试述实训中正方体的锻造工艺过程。

实习报告4　热锻（二）

一、判断题

1. 通过热处理可以改善金属材料的力学性能和化学性能。（　　）
2. 优质碳素钢牌号中的数字如35、40、45等是表示钢内碳的质量分数为千分之几。（　　）
3. 硬度是指金属材料抵抗比其更硬的物体压入其表面的能力。（　　）
4. 合金钢淬火时，其淬火介质为水。（　　）

二、选择题

1. 碳素工具钢的牌号用汉语拼音字母（　　）表示。

A. A　　B. T　　C. G

2. 洛氏硬度计符号用（　　）表示。

A. HRC　　B. HBW　　C. HV

3. 将钢加热到临界点温度以上，保温一定的时间，然后随炉冷却的热处理工艺为（　　）。

A. 回火　　B. 正火　　C. 退火

4. W18Cr4V为（　　）。

A. 高速工具钢　　B. 合金工具钢　　C. 模具钢

三、填空题

1. 钢与铸铁的区别在于______量，大于______的称为铸铁，小于______的称为钢。
2. 优质碳素结构钢按碳的质量分数可分为________、________和________。
3. 金属材料的力学性能是指________、________、________和________等。
4. 生产中常用的硬度计为________和________。

四、简答题

1. 可锻铸铁并不可锻，为什么还称为可锻铸铁？

2. 退火、正火、淬火、回火的定义分别是什么？

3. 简述T10锯条，65Mn弹簧，45钢轴的热处理工艺。

4. 为什么有些钢可以通过淬火提高硬度，有些却不可以？

实习报告5　焊接（一）

一、判断题

1. 焊接不仅可以连接同种金属，也可以连接不同金属。（　）
2. 焊接速度过慢，不仅使焊缝的熔深和焊缝宽度增加，还易使薄件烧穿。（　）
3. 引弧的常用方法有敲击法和摩擦法。（　）
4. 焊条药皮的主要作用是防止焊芯锈蚀。（　）
5. 气焊时焊件越薄，变形越大。（　）
6. 气割实质是金属在纯氧中的燃烧，而不是金属的氧化。（　）
7. 点焊焊件表面必须清洗，去除氧化膜、泥垢等才能焊接。（　）

二、选择题

1. 焊条电弧焊熔池的形成是由（　）的。

A. 焊条得到　B. 母材得到　C. 焊条和母材得到

2. 焊接前对工件接头处开坡口的目的是（　）。

A. 增加焊缝宽度　B. 保证焊透

C. 保证焊缝美观　D. 保证焊缝高度

3. 气焊是将（　）能转变为热能的一种熔化焊工艺方法。

A. 化学　B. 光　C. 电　D. 机械

4. 气焊焊丝起的作用是（　）。

A. 填充金属　B. 填充金属并有一定的脱磷脱硫作用

C. 填充金属并起稳弧作用

5. 符合气割要求的金属材料是（　）。

A. 铝合金、不锈钢　B. 高碳钢、铸铁

C. 低碳钢、中碳钢、部分低合金钢

三、填空题

1. 按焊接的特点和金属在焊接过程中所处的状态不同，把焊接方法分为三大类：____

______、__________和__________，其中最常用的为______________。

2. 电弧焊机按输出电流的性质，分为______焊机和______焊机两大类。

3. 药皮的主要作用是：__________、__________和__________。

四、简答题

1. 焊接形成的焊缝都是合格的吗？为什么？

2. 气焊主要应用在哪些方面？有什么特别之处？

3. 为什么要用氩弧焊？

总结

通过本工种的实习，掌握了哪些操作技能，积累了什么经验，有什么认识、体会及建议？

实习报告6　焊接（二）

一、判断题

1. 焊接机器人是从事焊接（包括切割与喷涂）的工业机器人。（　　）

2. 焊接机器人就是在工业机器人的末轴法兰端装接焊钳或焊（割）枪，使之能进行焊接、切割或热喷涂的机器人。（　　）

3. 搅拌摩擦焊焊接过程中需要消耗材料，如焊条、焊剂等。（　　）

4. 搅拌摩擦焊主要是用在熔点较低的有色金属焊接，如 Al、Cu 等合金。（　　）

5. 焊接机器人生产线比较简单的原因是把多台工作站（单元）用工件输送线连接起来组成一条生产线。（　　）

6. 激光焊接是利用高能量密度的激光束作为热源的一种高效精密焊接方法。（　　）

二、填空题

1. 焊接机器人主要包括__________和__________两部分。机器人由__________和控制柜（硬件及软件）组成。

2. 搅拌摩擦焊除了具有普通摩擦焊技术的优点外，还可以进行__________和____________的连接。

3. 焊接机器人目前已广泛应用于汽车制造业，__________、__________、__________、消声器以及__________等的焊接，尤其在汽车底盘焊接生产中得到了广泛的应用。

4. 搅拌头包括两部分：__________和__________，而搅拌头的材料通常都采用硬度远远高于被焊材料的材料制成，这样能够在焊接过程中将搅拌头的磨损减至最小。

5. 激光切割可分为__________、__________、__________和激光划片与控制断裂四类。

6. 激光焊接可以采用连续或脉冲激光束加以实现，激光焊接的原理可分为__________和__________。

7. 在气焊点火操作过程中，先微开焊炬的________阀门，再打开________阀门，再点火。灭火时应先关闭________阀门，再关闭________阀门。

8. 氩气是一种__________气体，它不与金属发生__________，因此氩弧焊是一种高质量的焊接方法。

三、简答题

1. 为什么焊接机器人在各行各业应用如此广泛？

2. 搅拌摩擦焊的主要优点有哪些？

3. 与其他热切割方法相比，激光切割的特点可概括为哪几个方面？

实习报告7　车削加工（一）

一、判断题

1. 车削加工（以下简称车工）实习环境比较差，在操作机床过程中可以戴手套操作。（　　）
2. 在操作卧式车床时，不可以用手摸正在运行的工件。（　　）
3. 车削加工属于去材料加工。（　　）
4. 机械加工是由工人操作机床对工件进行切削加工的。（　　）
5. 在切削加工过程中，为了切去多余的材料，工件与刀具必须做一定的相对运动，这种相对运动称为切削运动。（　　）
6. 切削加工时，主运动只有一个，进给运动则可以有一个或者几个。（　　）
7. 车床的种类很多，其中应用最广的是数控车床。（　　）
8. 车床的主轴是实心轴，主要是为了提高主轴的强度。（　　）
9. 换向手柄是用来改变车刀运动方向的。（　　）
10. 车床主轴箱变速箱内主轴变速是由凸轮实现的。（　　）

二、填空题

1. 机械加工的主要方式有__________、__________、__________、__________和__________。
2. 切削运动可以分为__________和__________。
3. 在车工实习中，我们最常用到的量具是__________。
4. 大滑板可带动车刀沿床鞍导轨做__________移动。
5. 车削加工时如果要变换主轴的转速，应先__________，后__________。
6. 车床的型号 C6140，其中 C 代表__________，40 代表__________。
7. 车削外圆时的车削用量三要素是指__________、__________和__________。
8. 在车工实习中常用的刀具材料是__________和__________。
9. 刀架是用来安装车刀的，方刀架最多可以同时安装__________把车刀。
10. 车刀的刀头部分由“三面两刃一尖”组成，它的三个面分别为__________、__________和__________。

三、简答题

1. 在车工实习过程中，车床的尾架套筒内安装顶尖的作用是什么？

2. 请就车床加工范围举出至少5个例子。

3. 指出图7-1所示车床各个部分的名称和作用。

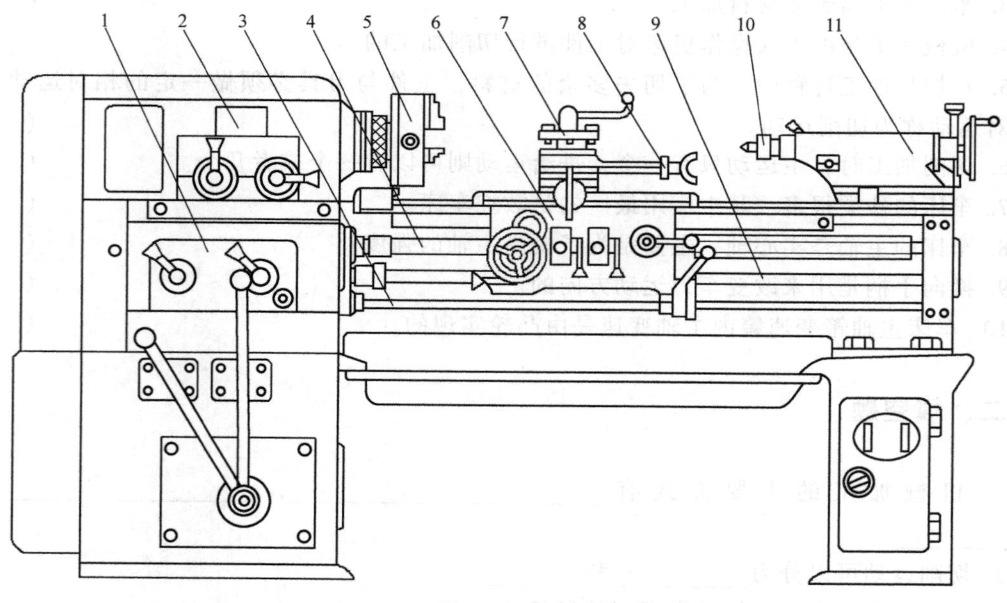

图7-1 车床

实习报告8　车削加工（二）

一、判断题

1. 卧式车床上主要加工轴、盘、套类零件。（　　）
2. 车床主轴变速主要是通过拨动换向手柄实现的。（　　）
3. 刀尖是切削刃上工作条件最恶劣、构造最薄弱的部位，强度和散热条件都很差。（　　）
4. 机床按工件精度不同又可分为普通精度机床、精密机床和高精度机床。（　　）
5. 机床的传动装置是用来传递运动和动力的装置。（　　）
6. 开合螺母是用于接通或断开由丝杠传来的运动。（　　）
7. 车床的尾座上不能安装小卡盘。（　　）
8. 主轴停止时不能迅速停下来是由于制动装置有问题。（　　）
9. 车削速度就是机床的转速。（　　）
10. 车削加工时，与工件已加工表面相对的刀具表面称为主后刀面。（　　）

二、选择题

1. 精车时，切削用量的选择应首先考虑（　　）。

A. 车削速度　　B. 背吃刀量

C. 进给量　　D. 生产效率

2. 在切削用量三要素中，对刀具寿命影响最大的是（　　）。

A. 切削速度　　B. 背吃刀量

C. 进给量

3. 车削平端面时中心有残留凸起的原因是（　　）。

A. 刀钝　　B. 刀具安装不对中

C. 车刀没进到位　　D. 车刀角度不对

4. 在加工过程中，对温度影响最大的是（　　）。

A. 切削深度　　B. 进给量　　C. 切削速度

5. 车床上的传动丝杠是（　　）螺纹。

A. 梯形　　B. 三角形　　C. 矩形

三、简答题

1. 在车工实习过程中，尾座套筒内除安装顶尖，还使用过哪些工具？

2. 螺纹 M10 与螺纹 M10×1 有什么区别？

3. 切削液的主要作用是什么？

4. 刀具材料通常具备哪些基本性能？

5. 机床上常用的机械传动机构有哪几种？

实习报告9　车削加工（三）

一、判断题

1. 车床转速加快，刀具的进给量不发生变化。（　）

2. 车刀前刀面和副后刀面的相交部位是副切削刃。（　）

3. 切削加工时，如果要求切削速度保持不变，则当工件直径增大时，转速应相应降低。（　）

4. 钻孔时，工件直径大，车床的切削速度快，直径小，切削速度慢。（　）

5. 被加工零件上的外槽和孔的内槽均属于退刀槽。（　）

6. 装夹钻头时，钻头中心必须对准工件的中心，以防孔径过大。（　）

7. 钻中心孔时，要用较低的机床转速。（　）

8. 车外圆时，进给量是指工件每转一转，刀具切削刃相对于工件在进给方向上的位移量。（　）

9. 车削圆锥时也可以通过光杠转动，实现纵向自动走刀。（　）

二、填空题

1. 退刀槽的作用是____________。

2. 车圆锥的方法很多，主要有____________、____________、____________和____________。

3. 车削加工时用____________进行自动进给。

4. 圆锥按其用途分为____________圆锥和____________圆锥两类。

5. 造成刀具磨损的主要原因是______________。

6. 使用丝锥、板牙加工螺纹时一般选择__________主轴转速，使切削顺利及有充分的时间__________。

7. 在车工实习过程中，攻内螺纹用到的工具是____________，攻外螺纹用到的工具是__________。

三、简答题

1. 简述车削端面时的注意事项以及切断时切断刀易折断的原因。

2. 车外圆时有哪些装夹方法？

3. 车外圆时，粗车和精车应如何选择切削用量？如何保证零件直径尺寸要求？

4. 在车床上如何正确使用麻花钻头进行钻孔？

5. 请写出图 9-1 中台阶面、螺纹的详细加工步骤及所用刀具。

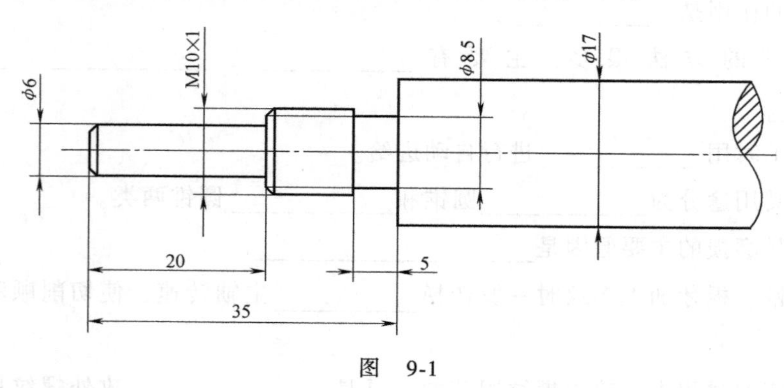

图　9-1

实习报告10　车削加工（四）

一、工艺编制

编写图 10-1 中锤子手柄的加工工艺步骤，并填入表 10-1。

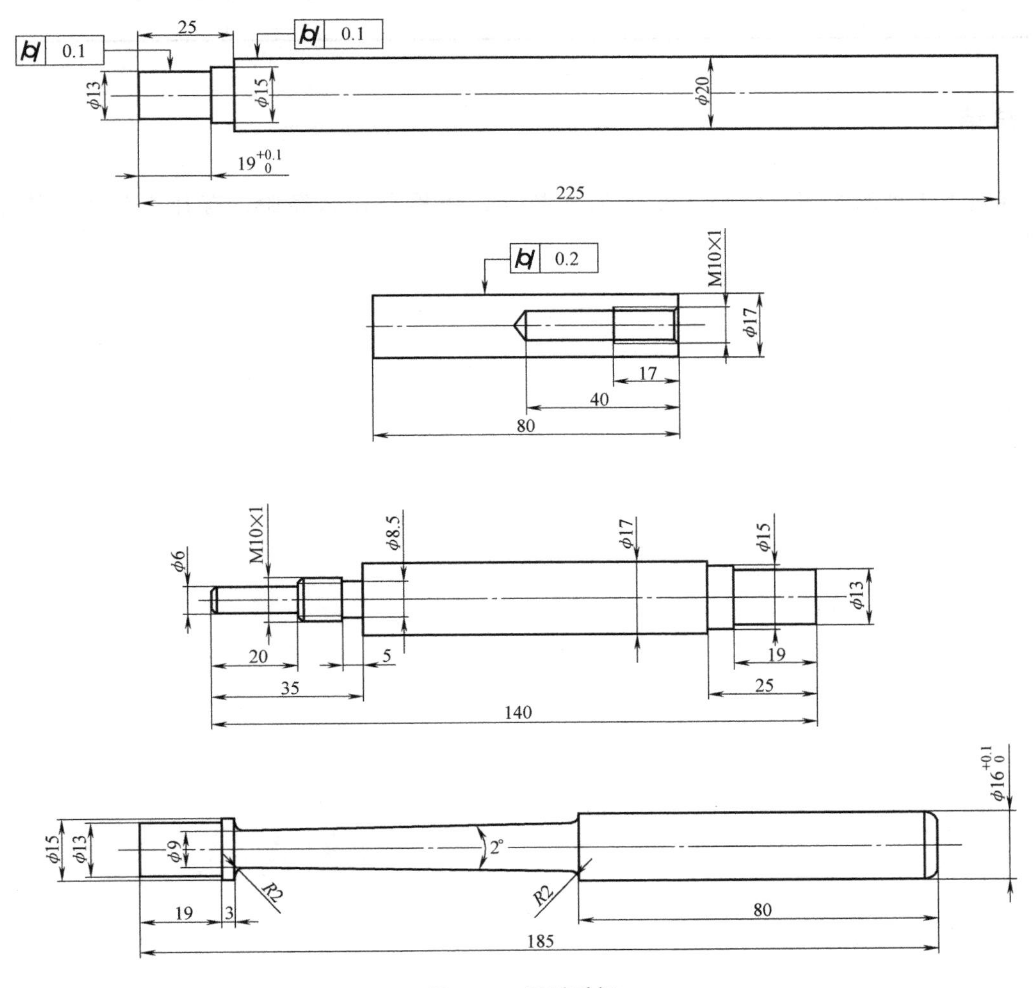

图 10-1　锤子手柄

表 10-1 锤子手柄的加工工艺步骤

工序	加工工艺内容	所用刀具、量具
1		
2		
3		
4		
5		
6		
7		
8		
9		
10		
11		
12		

总结

通过本工种的实习，掌握了哪些操作技能，积累了什么经验，有什么认识、体会和建议？

实习报告11　钳工（一）

一、填空题

1. 钳工常用的工具有：________、________、________、__________、__________、__________和__________等。

2. 钳工的基本操作有：____________、____________、______________、____________、____________、____________、____________、__________、__________及装配和修理等。

3. 钳工锉削是______________________________的操作，锉削可以加工__________、__________、__________、__________以及__________等。

4. 锉刀按其断面形状可分为________、________、________、________和__________等，按其齿纹的粗细可分为________、________、________和________等。

二、选择题

1. 以下不属于锉削平面基本方法的是（　　）。

A. 顺向锉法　　B. 逆向锉法　　C. 交叉锉法　　D. 推锉法

2. 锉削时，锉刀的用力应是在（　　）。

A. 推锉时　　B. 推锉和拉回锉刀时

C. 拉回锉刀时　　D. 推锉时施小力，拉回锉刀时施大力

3. 锉削余量较大的平面时，应采用（　　）锉削方法。

A. 顺向锉　　B. 交叉锉　　C. 推锉

4. 锉削硬材料时应选择（　　）。

A. 粗齿锉刀　　B. 细齿锉刀　　C. 油光锉

三、判断题

1. 锉削平面时主要是使锉刀保持直线运动。　　（　　）

2. 锉削时，应根据加工余量的大小选择锉刀的长度。　　（　　）

3. 绝对不可以用细锉刀作为粗锉使用和锉软金属。　　（　　）

4. 锉削平面时，随着锉刀的推进，左手对锉刀的压力应逐渐增大，右手对锉刀的压力

应逐渐减小，到中间位置时两手压力相等，否则锉削平面会产生两头低、中间高的现象。（ ）

5. 精加工锉削平键端部半圆弧面，应用滚锉法。（ ）

四、简答题

1. 简述钳工的概念。

2. 简述钳工的应用范围。

3. 如何检验锉削平面的平面度和垂直度？

4. 锉削的注意事项有哪些？

实习报告12　钳工（二）

一、填空题

1. 选择划线基准时，应根据工件的____________和____________进行综合考虑，常使用的划线基准有______________、______________和______________等。

2. 划线常用的基准工具是____________；常用的支撑工具有__________、__________和__________等；常用的划线工具有________、__________、__________、____________、__________和____________等。

3. 划线的种类分为____________划线和____________划线。

4. 样冲用来在工件的__________________打样冲眼。

二、选择题

1. 在零件图上用来确定其他点、线、面位置的基准，称为（　　）基准。

A. 设计　　B. 划线　　C. 定位　　D. 工艺

2. 划线时用来确定零件各部位尺寸、几何形状及相互位置的依据称为（　　）基准。

A. 设计　　B. 划线　　C. 定位　　D. 工艺

3. 经过划线确定加工时的最后尺寸，在加工过程中，为保证尺寸准确，是通过（　　）的。

A. 测量得到　　B. 划线得到　　C. 加工得到

4. 工件经划线后在机床上加工时，用以校正或定位的线称为（　　）。

A. 加工线　　B. 检查线　　C. 找正线

5. 对不规则的大型工件进行划线时应选用（　　）。

A. V 形铁　　B. 千斤顶　　C. 方箱　　D. 平板

三、判断题

1. 划线是机械加工的重要工序，广泛地用于成批生产和大量生产。（　　）

2. 选择划线基准时，应根据工件的形状和加工情况综合考虑。（　　）

3. 高度游标卡尺属于精密量具，主要用于半成品已加工表面的划线。（　　）

4. V形铁用于支撑方形工件，使工件轴线与平板平行。 (　　)

四、简答题

1. 简述划线的概念及作用。

2. 指出图12-1所示零件的划线基准。

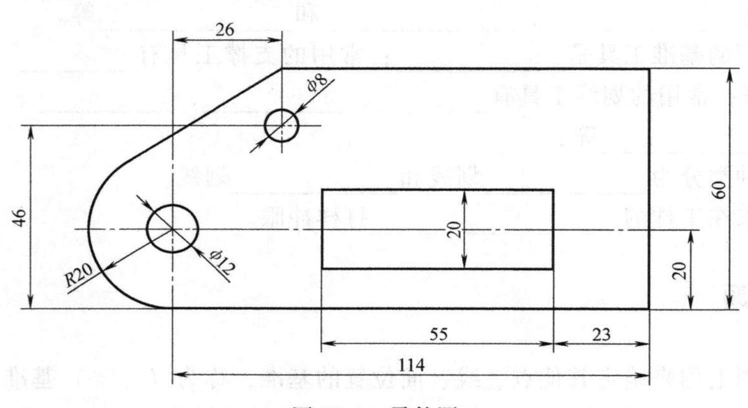

图12-1　零件图

实习报告13　钳工（三）

一、填空题

1. 锯条安装时，锯齿的方向应与锯削时__________的方向一致。

2. 锯条齿纹的粗细应根据加工材料的__________和__________来选择。

3. 钻床分为__________钻床、__________钻床和__________钻床三种。

4. 台式钻床钻孔的主运动是____________________，进给运动是______________。

5. 麻花钻头的装夹方法，按柄部形状的不同，直柄钻头用____________装夹，大的锥柄钻头则采用____________装夹。

6. 台钻适合于加工小型零件上直径在____________以内的小孔。

7. 钻孔时经常将钻头退出，其目的是__________和__________。

二、选择题

1. 锯削软材料件或厚件时应选用（　　）。

A. 粗齿锯条　　B. 中齿锯条　　C. 细齿锯条　　D. 任意锯条

2. 锯削速度过快时，锯齿易磨损，这是因为（　　）。

A. 同时参加切削的齿数少，使每齿负担的锯削量过大

B. 锯条因发热引起的退火

3. 手工起锯的适宜角度为（　　）。

A. 0°　　B. 约 15°　　C. 约 30°

4. 把锯齿做成几个向左、几个向右，形成波浪形的锯齿排列的原因是（　　）。

A. 增加锯缝宽度　　B. 减少工件上锯缝对锯条的摩擦阻力

5. 当孔将被钻透时进给量要（　　）。

A. 增大　　B. 减小　　C. 保持不变

三、判断题

1. 手工锯削时，左手施压，右手推进；返回时，速度应慢些；锯削开始和终了时，压

力和速度应减小。 (　　)

2. 用手锯锯削时，一般往复长度不小于锯条长度的三分之二。 (　　)

3. 锯削时，工件应夹持在虎钳钳口的中间，使夹持牢固。 (　　)

4. 台式钻床安装在工作台上，适合加工小型零件上的小孔。 (　　)

5. 麻花钻由切削部分、导向部分和钻尾（柱柄）组成。 (　　)

6. 在成批、大量生产中，为免去划线工作可采用模板进行孔加工。 (　　)

四、简答题

1. 锯削有哪些注意事项？

2. 钻床安全操作注意事项有哪些？

实习报告14　钳工（四）

一、工艺编制

写出制作图 14-1 所示锤头的钳工工艺过程，并填入表 14-1。

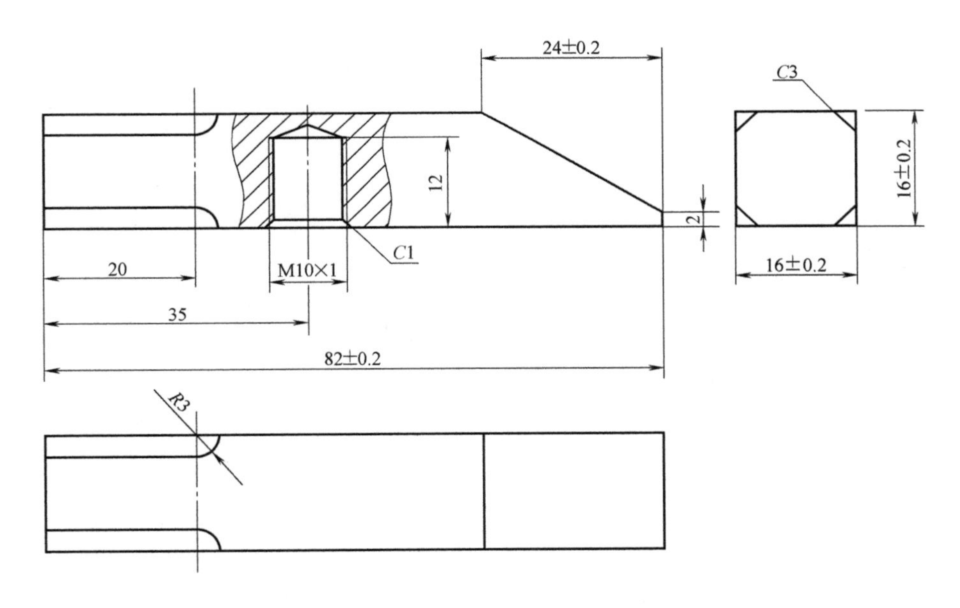

图 14-1　锤头的钳工工艺过程

表 14-1　锤头的钳工工艺过程

工序	加工工艺内容	所用工具、量具
1		
2		
3		
4		
5		
6		
7		

（续）

工序	加工工艺内容	所用工具、量具
8		
9		
10		
11		
12		

总结

通过本工种的实习，掌握了哪些操作技能，积累了什么经验，有什么认识、体会及建议？

实习报告15　铣削加工（一）

一、判断题

1. 可以同时使用铣床的纵向和横向自动进给对零件进行斜线铣削。（　　）
2. 在卧式铣床上安装铣刀时，应尽量使铣刀远离主轴。（　　）
3. 万能铣头主轴能在空间偏转成所需要的任意角度。（　　）
4. 铣削时，刀具对工件进行间歇性切削，切削刃的散热条件好，可选较快的切削速度。（　　）
5. 万能铣床转台可使纵向工作台在水平面内转动，转动范围为0°~45°。（　　）

二、选择题

1. X6132型铣床纵向和横向传动丝杆的螺距为（　　）。

A. 4mm　　B. 6mm　　C. 8mm　　D. 2mm

2. 铣床主轴正、反转的实现依靠（　　）。

A. 机械　　B. 液压　　C. 电动机

3. 万能立铣头的功能是（　　）。

A. 配合工作台的移动，使工件连续旋转　　B. 装夹工件

C. 把铣刀安装成所需要的角度

4. 圆形工作台的主要用途是（　　）。

A. 加工圆弧表面和圆弧槽　　B. 加工圆周等分的零件

C. 加工体积不大、形状比较规则的零件　　D. 加工圆盘零件

三、填空题

1. 铣削加工时，切削用量是指__________、__________、__________和__________。

2. 使铣床工作台升高时应__________时针摇动手柄，如果需要使工作台上升1mm，所要转过的刻度盘格数为__________格（丝杆螺距为6mm，手柄与丝杆之间的传动比为3∶1，刻度盘共40格）。

3. 铣削的主运动是____________________。

四、简答题

1. 实习所用铣床的型号是什么？各部分代表的意义是什么？

2. 立式铣床和卧式铣床的主要区别是什么？

3. 写出图 15-1 所示立式升降台铣床各组成部分的名称及主要部分的作用。

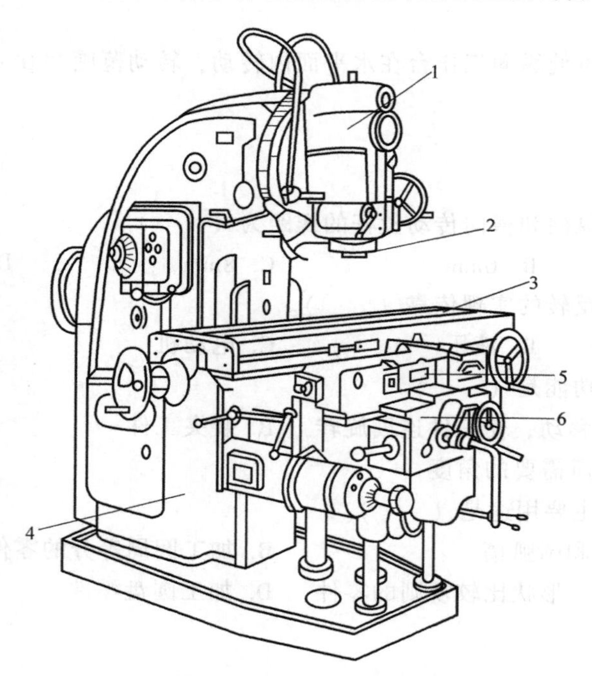

图 15-1　立式升降台铣床

实习报告16　铣削加工（二）

一、判断题

1. 铣平面时使用端铣刀比立铣刀得到的平面度高。（　　）

2. 安装带孔铣刀时，在刀杆上套上垫圈后，必须先拧紧刀杆端部螺母以防止铣刀打滑或摆动，然后装上吊架。（　　）

3. 端铣刀在立式铣床或卧式铣床上均能使用。（　　）

4. 铣削圆弧槽应在回转工作台上用立铣刀加工。（　　）

5. 铣削过程中，决不允许扳动各变速手柄。（　　）

二、选择题

1. 键槽铣刀能够直接钻孔铣削封闭槽的原因是（　　）。

A. 刚性好　　B. 端面刀刃通到中心

C. 刀刃螺旋角较大　　D. 刀齿少

2. 在成批生产中，采用端铣刀加工的平面一般是（　　）。

A. 窄长平面　　B. 沟槽

C. 组合平面　　D. 宽度较大的平面

3. 安装带孔铣刀时，应尽可能将铣刀装在（　　）。

A. 靠近主轴或吊架处　　B. 刀杆的中间位置

C. 不影响切削工件的位置

4. 铣刀将靠近工件待加工表面时，宜使用（　　）。

A. 手动进刀　　B. 快速进刀　　C. 慢速进刀

三、填空题

1. 铣 T 形槽在________式铣床上加工，铣 V 形槽在________式铣床上进行。

2. 常用的带孔铣刀有：________铣刀、________铣刀、________铣刀、________铣刀及________铣刀等。

3. 圆柱铣刀按刀齿齿向分为________和________两种，其中________刀齿逐渐切入工件，切削平稳。

四、简答题

1. 什么是顺铣，什么是逆铣？

2. 铣削的主要加工范围是什么？

3. 分析图 16-1 工件的加工工艺，要求写出下料尺寸，使用的刀具、夹具，装夹方法及各步骤加工尺寸。

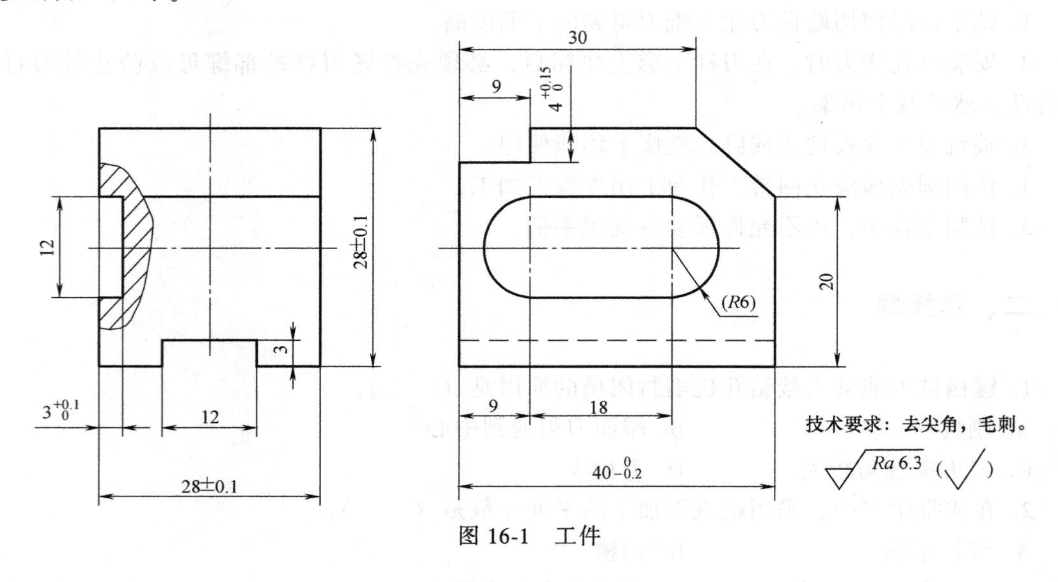

图 16-1　工件

实习报告17　刨削加工和磨削加工

一、判断题

1. 磨削的实质是一种多刀多刃的超高速切削过程。（　　）
2. 用金属刀具不能加工或很难加工的高硬度金属材料，可以用磨削的方法进行切削加工。（　　）
3. 粗磨时选用颗粒较粗的砂轮，精磨时选用颗粒较细的砂轮。（　　）
4. 工件材料的硬度越高，选用的砂轮硬度也就越高。（　　）
5. 在万能外圆磨床上也能进行内圆磨削。（　　）

二、选择题

1. 粒度粗、硬度高、组织疏松的砂轮适于（　　）。

A. 硬金属的磨削　　B. 软金属的磨削

C. 脆性金属的磨削　　D. 精磨

2. 磨削精度较高的套类工件的外圆表面时，应使用（　　）。

A. 带台阶的圆柱心轴　　B. 锥形心轴

C. 无台阶的圆柱心轴

3. 细长轴精磨后，应（　　）放置。

A. 水平搁置　　B. 垂直吊挂　　C. 斜靠在墙边

4. 磨削加工的加工精度和表面粗糙度 Ra 值一般为（　　）。

A. IT6～IT5，Ra 为 0.8～0.2μm　　B. IT8～IT7，Ra 为 6.3～1.6μm

5. 砂轮的硬度是指（　　）。

A. 磨料的硬度　　B. 磨粒从砂轮上脱落的难易程度

C. 在硬度计上打出的数值

6. 磨削圆锥角较大的内锥面时采用（　　）。

A. 转动工作台法　　B. 转动头架法

三、填空题

1. 万能外圆磨床由________、________、________、________和________等部分组成。

2. 磨削外圆时，安装工件常用__________、__________、____________等方法进行安装。

3. 外圆锥面的磨削方法主要有___________和___________。

4. 常用的平面磨削方法有___________和___________两种形式。

5. 砂轮结构的三要素是__________、_________和_________。

6. 牛头刨床的主运动指_______________，进给运动指_______________。

四、简答题

1. 磨削加工相对其他加工方法有何特点？

2. 磨床采用什么传动方式？这种传动方式有哪些优、缺点？

3. 刨削加工时，安装工件有哪些注意事项？

4. 简述牛头刨床的结构组成和加工范围。

总结

通过本工种的实习，掌握了哪些操作技能，积累了什么经验，有什么认识、体会及建议？

实习报告18　工业测量（一）

一、判断题

1. 用游标卡尺测量工件时，测力过大或过小对测量结果不产生影响。（　　）
2. 为了方便，可用游标卡尺的量爪当做划线工具来使用。（　　）

二、填空题

1. R规，也叫R样板、半径规。R规是利用________测量圆弧半径的工具。由于是目测，故准确度不是很高，只能________测量。

2. 我们在使用半径规测量半径时，如图18-2所示，其测量结果是 $r=$______mm。

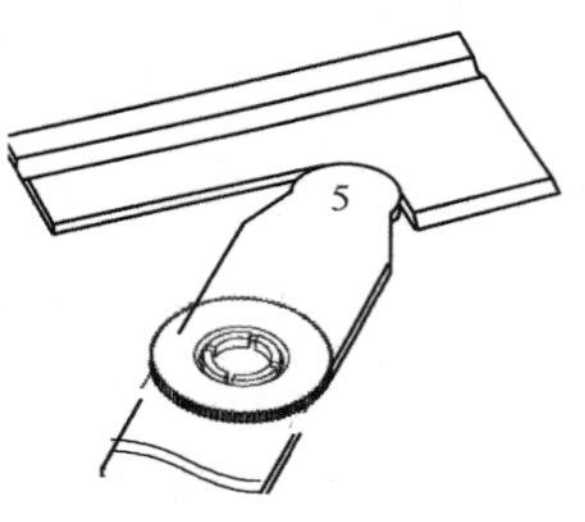

图18-2　半径规

3. 检查螺纹的量规可分为__________（图18-3）和__________（图18-4）两大类，前者用于检查__________，后者用于检查__________。

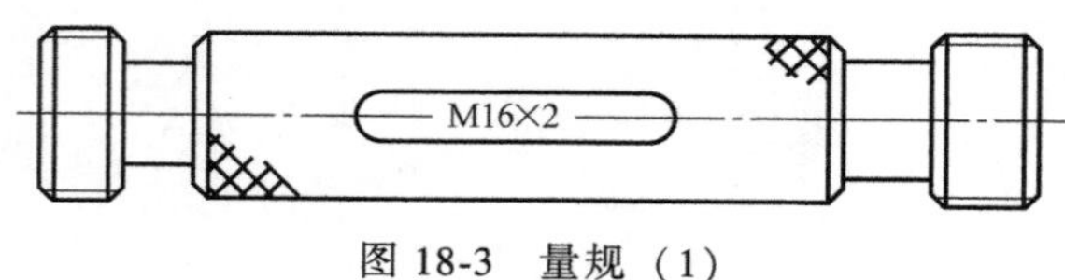

图18-3　量规（1）

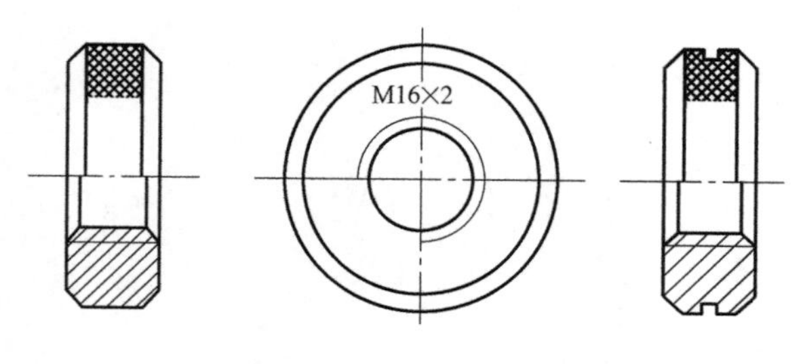

图18-4　量规（2）

三、选择题

1. 游标卡尺使用时，如图 18-5 所示，哪些情况是正确的（　　）。

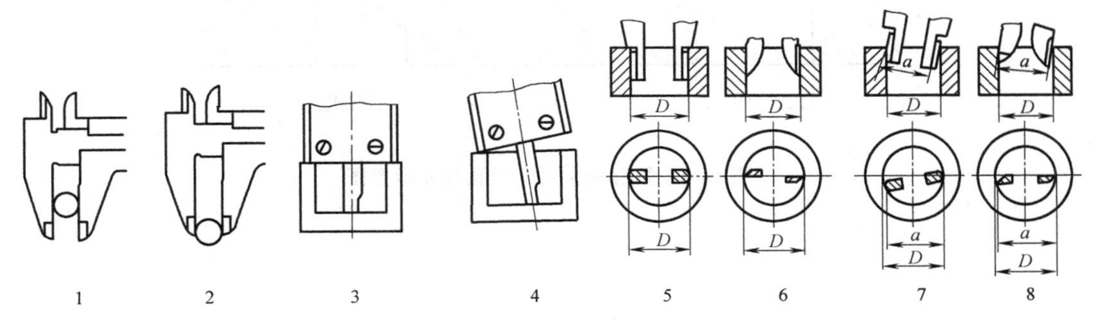

图 18-5　游标卡尺使用情况

A. 1、2、3、5　　B. 1、3、5、6　　C. 1、3、5　　D. 2、4、7、8

2. 游标卡尺适用于（　　）尺寸的测量和检验。

A. 低精度　　B. 中等精度　　C. 高精度　　D. 所有精度

3. 读数值为 0.02mm 的游标卡尺的游标上，第 50 格刻线与尺身上（　　）mm 的刻线对齐。

A. 49　　B. 39　　C. 29　　D. 19

4. 在图样上所标注的法定长度计量单位通常为（　　）。

A. m　　B. cm　　C. mm　　D. nm

四、简答题和计算题

1. 游标卡尺的哪个部位可以进行测量？分别能测量哪些尺寸？

2. 如图 18-6 所示，用游标卡尺测量孔尺寸分别为 ϕ20. 03mm 和 ϕ15. 04mm，测孔内侧尺寸为 50. 08mm。试求出两孔的中心距是多少？

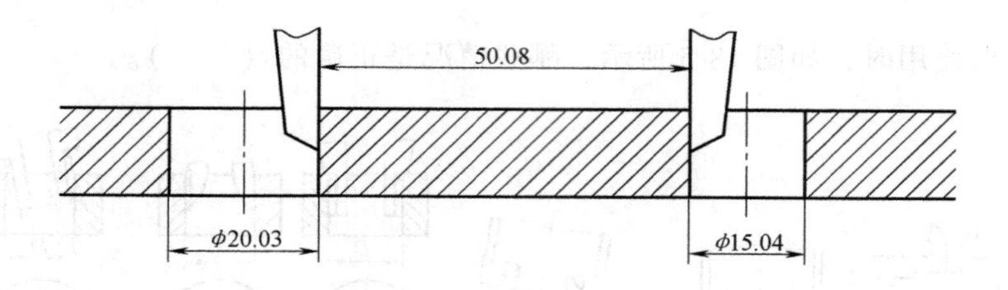

图 18-6 用游标卡尺测量孔尺寸示意图

实习报告19　工业测量（二）

一、判断题

1. 千分尺精度较低，通常用来测量加工精度要求较低的工件。（　）
2. 游标万能角度尺只能用来测量外角。（　）

二、填空题

1. 游标万能角度尺又被称为______、______和______，可测角度为________°~________°。
2. 游标万能角度尺如图 19-1 所示，其读数为________。
3. 外径千分尺主要由：测砧、__________、__________、尺架、__________、测量面、__________和__________组成。
4. 某学生用外径千分尺测定某一金属丝的直径时，若外径千分尺的读数为 2.810mm，如图 19-2 所示，则螺旋套管上虚线方框对应的刻度线数字应为__________。

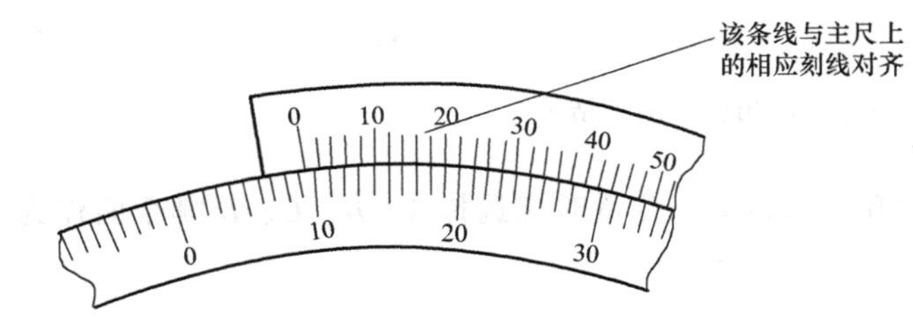

图 19-1　游标万能角度尺测量结果示意图

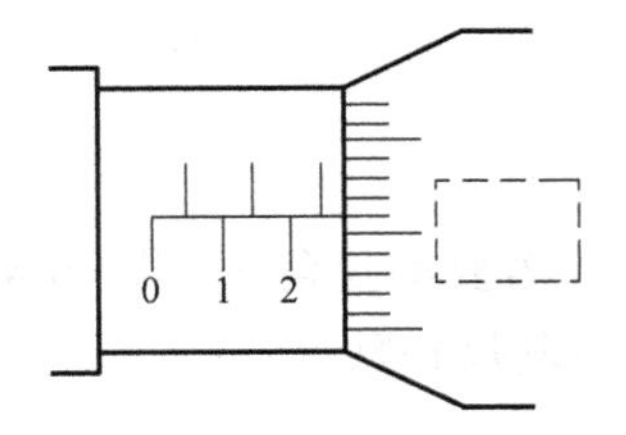

图 19-2　外径千分尺测量结果示意图

三、选择题

1. 在使用外径千分尺时，左手手指拿在外径千分尺（　　）上，接近被测工件，右手放在（　　）上。当外径千分尺测量面与被测工件表面相差较远时，右手快速转动（　　）。当测量面与被测面将要接触时，右手换到（　　）上去，平稳地转动转帽，待测力装置发出“咔，咔……”的响声后，就可以读数了。

A. 测力装置　　B. 尺架　　C. 微分筒　　D. 隔热装置

2. 在使用游标万能角度尺测量角度时，图 19-3 中哪种组装方式是用来测量 50°～140°角的？（　　）

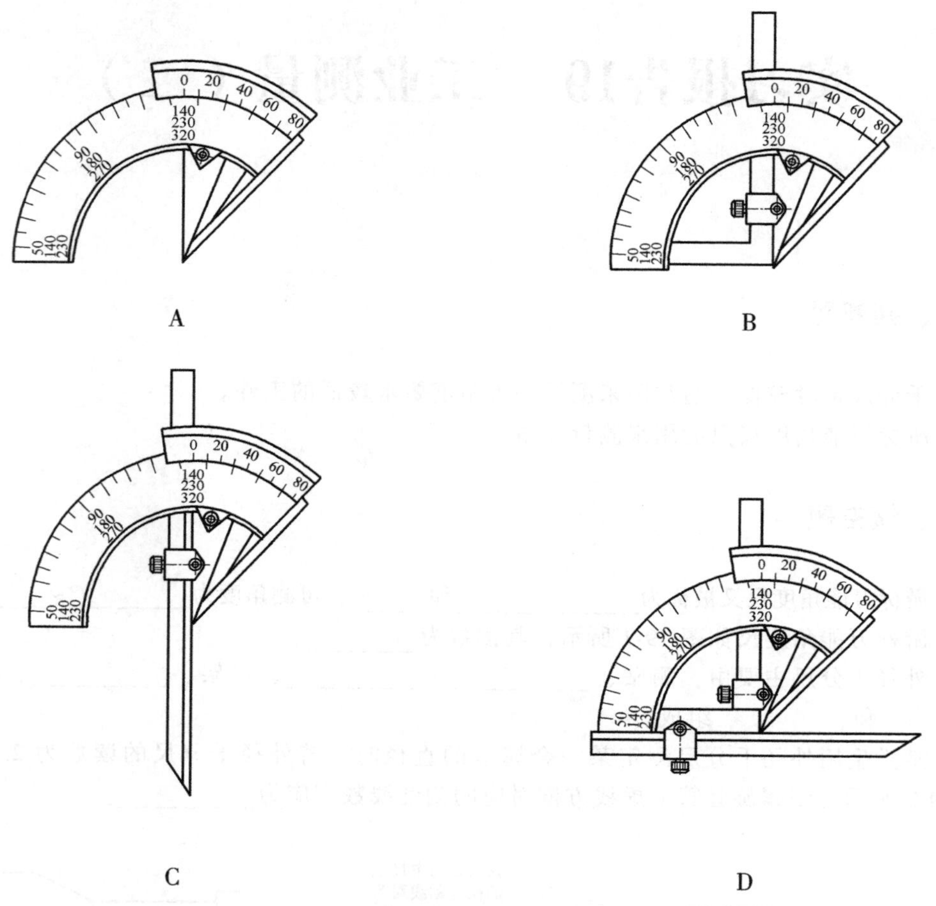

图 19-3　游标万能角度尺测量结果

3. 若要测量角 α（图 19-4），此时 $50° < \alpha < 140°$，测量时应选择 A、B、C、D 哪个面作为基面与基尺相贴合？（　　）

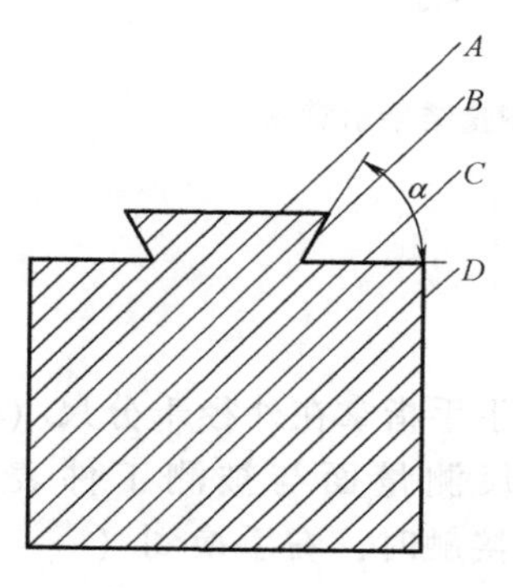

图 19-4　角 α 的测量基面

四、简答题

1. 以图 19-5 中角 β 为例，简述用游标万能角度尺测量角度的过程。

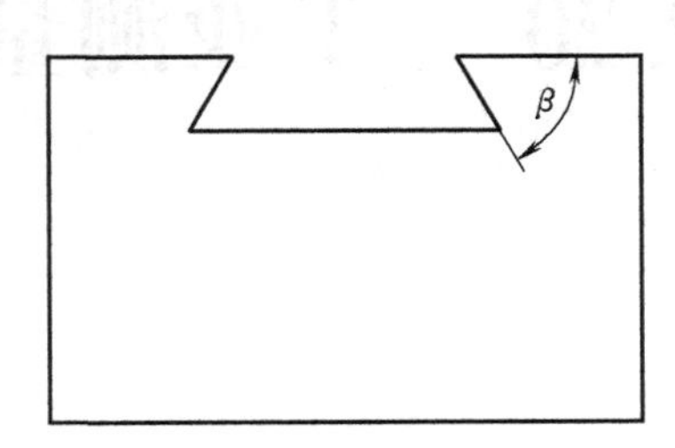

图 19-5　角度测量示意图

2. 现有一只百分表、一个万能表座，怎样利用二者测量一个工件的平行度？

实习报告20　工业测量（三）

一、判断题

1. 百分表是主要用于测量零件的形状误差和位置误差的量具，如平行度、圆跳动以及工件的精密找正。 （　　）

2. 如图 20-1 所示，用内径百分表对工件进行测量时，找准正确的直径测量位置，慢慢摆动，使可换测头和活动测头两端沿轴向并找到最大示值即为实际尺寸。 （　　）

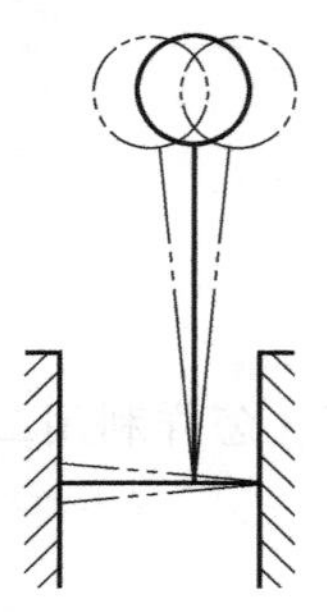

图 20-1　内径百分表测量工件示意图

二、填空题

1. 机械式百分表俗称“百分表”，它是将测量杆的____________通过机械传动系统转变为指针在表盘上的____________进行读数的通用长度测量工具。

2. 内径指示表主要由____________、____________、表体、转向装置、____________和____________等组成。

三、选择题

1. 若我们对一工件的内孔直径进行测量，所用内径百分表的最小刻度为 0.01mm，对零时的尺寸为 35mm，表盘上其指针逆时针偏离“0”位 2 个小格，那么此时的工件测量值就为（　　）

A. 35.02mm　　B. 34.95mm　　C. 35.05mm　　D. 34.98mm

2. 量块有（　　）个工作面。

A. 1　　B. 2　　C. 3　　D. 4

四、简答题与画图题

在测量过程中，工件上有一段螺纹。已知该螺纹是细牙普通螺纹，右旋，公称直径为20mm，用螺距规测量后如图20-2所示，那么试画出该段螺纹并标注。

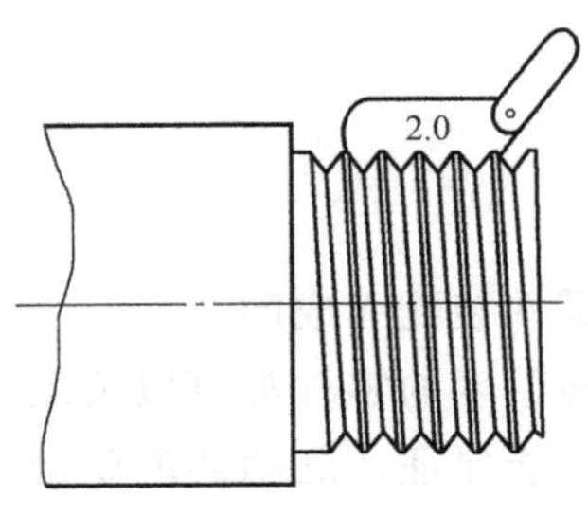

图20-2　螺距规测量结果

总结

通过本工种的实习，掌握了哪些操作技能，积累了什么经验，有什么认识、体会及建议？

实习报告21　机械拆装（一）

一、判断题

1. 任何一台机器都是由多个零件装配而成的。（　　）
2. 为了提高装配速度，对不同精度的零件都可以采取相同的装配方法。（　　）
3. 只要零件的加工精度高，就能保证产品的装配质量。（　　）
4. 由若干个零件和组件安装在另一基础件上称为部件。（　　）
5. 装配体所有零件按加工来源不同可分为自制件和标准件。（　　）

二、选择题

1. 减速箱或车床进给箱的装配属于（　　）。

A. 组件装配　B. 部件装配　C. 总装配

2. 拆卸部件或组件时应依照（　　）的原则拆卸。

A. 从外部到内部，从上部到下部的次序依次拆卸

B. 从内部到外部，从上部到下部的次序依次拆卸

C. 先易后难拆卸组件或零件

3. 产品装配的常用方法有（　　）。

A. 完全互换装配法　B. 选配法　C. 调整法　D. 修配法

4. 以下连接方式中属于活动连接的是（　　）。

A. 螺纹连接　B. 键连接　C. 销连接　D. 丝杆与螺母的连接

三、填空题

1. 将零部件按一定的技术要求组装起来，经过__________使之成为合格产品的过程称为__________。

2. 装配分为____________、____________和____________。

3. 总装配就是将若干个__________、__________及__________安装在产品的基础零件上总装成机器。

4. 在同一类零件中任取一件无需经过其他加工就可以装配成规定要求的部件或机器，

零件的这种性能称为______________。

5. 按照零件的连接方式不同，连接可分为______________和____________。

四、简答题

1. 简述装配的重要性。

2. 分别列举常见的四种可拆卸连接和不可拆卸连接。

3. 拆装的实际应用有哪些方面？

4. 装配前需做哪些准备工作？

实习报告22　机械拆装（二）

工艺编制

图 22-1 为 C616 车床主轴箱主轴结构图，请编出其拆卸工艺过程，并填入表 22-1。

表 22-1　拆卸工艺过程

工序	拆卸工艺内容	所用工具
1		
2		
3		
4		
5		
6		
7		
8		
9		
10		
11		
12		

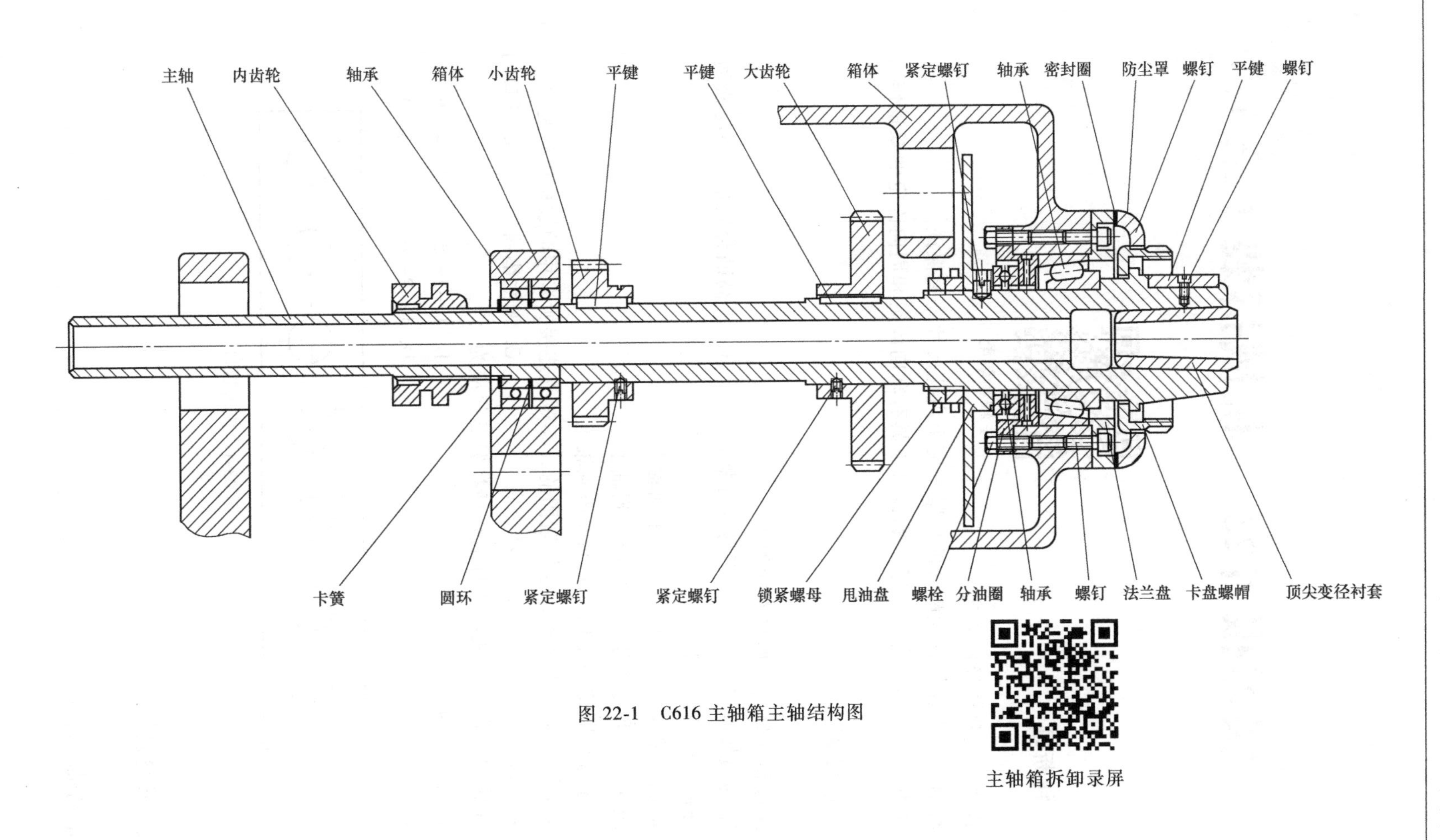

图22-1　C616主轴箱主轴结构图

实习报告23　机械拆装（三）

主轴箱装配

一、判断题

1. 普通平键只作径向固定。 (　　)
2. 滚动轴承内孔与轴相配合的松紧程度由内孔尺寸公差保证。 (　　)
3. 在齿轮和轴的配合中，紧定螺钉可以具有轴向固定和周向固定的双重作用。 (　　)

二、选择题

1. 螺钉和螺母连接加垫圈的作用是（　　）。

A. 不易损坏螺母　　B. 不易损坏螺钉　　C. 提高贴合质量，不易松动

2. 将轴承压到轴上时（　　）。

A. 应通过垫套施力于内圈端面压到轴上

B. 应通过垫套施力于外圈端面压到轴上

C. 应通过垫圈施力于内外圈端面压到轴上

3. 主轴箱带轮是采用螺纹连接紧固的，其螺纹连接所采用的放松措施是（　　）。

A. 双螺母　　B. 止动垫圈　　C. 弹性垫圈　　D. 开口销

4. 如图 23-1 所示，成组螺母的合理拧紧顺序应为（　　）。

A. 1—2—3—4—5—6—7　　B. 1—3—5—7—2—4—6

C. 4—3—5—2—6—1—7　　D. 1—2—6—7—3—5—4

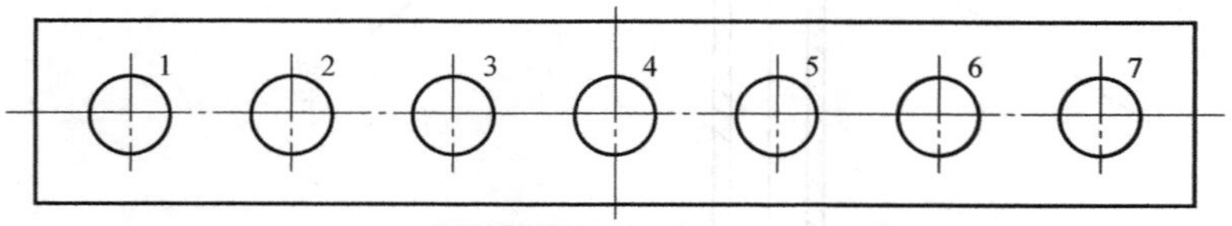

图 23-1　成组螺母

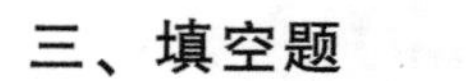

三、填空题

1. 滚动轴承包括__________、__________和__________三种。

2. 大过盈量装配时，常采用热胀法和冷却法，其中热胀法是将＿＿＿＿＿进行加热，与＿＿＿＿＿连接冷却后达到紧密结合的方法；冷却法是冷却＿＿＿＿＿与常温＿＿＿＿＿配合达到紧密结合的方法。

3. 在实训过程中，将过盈连接的齿轮装配在轴上所采用的方法是＿＿＿＿＿。

四、简答题

1. 拆卸后的零件应如何处理？

2. 简述平键的装配原则。

总结

通过本工种的实习，掌握了哪些操作技能，积累了什么经验，有什么认识、体会及建议？

实习报告24　工装夹具

一、填空题

1. 夹具是机械制造过程中用来________加工对象，使之占有________，以接受________或__________的装置。

2. 机床夹具的主要功能是_________和_________，此外还有_________和__________的功能。

3. 槽系组合夹具是通过______与________来确定元件之间相互位置的一种组合夹具。

4. 孔系组合夹具是通过______与________来确定元件之间相互位置的一种组合夹具。

5. 在蓝系组合夹具中，起偏心作用的主要元件是__________。

二、简答题

1. 简述机床夹具的作用。

2. 简述机床夹具的分类。

实习报告25　模　　具

一、填空题

1. 模具拆卸的主要目的是帮助学生增加对____________________；培养学生的________________。

2. 注塑模具根据各个零部件所起的作用不同，可分为______、______、______、________、________和_______等几个部分。

3. 注射成形工艺过程包括_______、________、________、________、_______、______、______和______等主要工序。

4. 模具配作装配法是在零件加工时，只需对有关部位进行高精度的加工；而孔位精度由_______进行配作。

5. 冲裁模具的合理间隙是靠______刃口______及公差来实现的。

二、简答题

1. 模具成形生产与传统机械加工生产相比有哪些优、缺点？

2. 模架为什么要安装导柱与导套？

3. 影响注射成形质量的工艺参数有哪些？

4. 描述模具拆装实训中，冲模的成形工艺过程。

5. 简述模具拆装实训中，注塑模具浇注系统的作用及组成。

6. 简述冲模调整与试模的目的。

总结

通过本工种的实习，掌握了哪些操作技能，积累了什么经验，有什么认识、体会及建议？

实习报告26　机械制造工艺

一、判断题

1. 不完全定位在机械加工定位方法中是不允许出现的。（　　）
2. 在大量生产中，单件工时定额可忽略准备与终结时间。（　　）
3. 单批生产中，机械加工工艺规程多采用机械加工工序卡片的形式来实现。（　　）
4. 机械加工中，不完全定位是允许的，而欠定位则不允许。（　　）
5. 工序集中则使用的设备数量少，生产准备工作量小。（　　）
6. 工序余量是指加工内、外圆时加工前后的直径差。（　　）
7. 工艺过程包括生产过程和辅助过程两个部分。（　　）
8. 工序分散则使用的设备数量多，生产准备工作量大。（　　）
9. 工序的集中与分散只取决于工件的加工精度要求。（　　）
10. 机床、夹具、量具的磨损值，在一定时间内，可以看作常值系统性误差。（　　）

二、填空题

1. 工艺工程的组成有：______、______、______、______和______。
2. 机械加工工序规程主要有________卡片和________卡片两种基本形式。
3. 工艺过程是指生产过程中，直接改变生产对象的________、________、________及______的过程。
4. 使各种原材料、半成品成为产品的__________和__________称为工艺。
5. 衡量一个工艺是否合理，主要从________、________和________三个方面去评价。
6. 根据误差出现的规律不同，误差可以分为________和________。
7. 零件加工质量一般用__________和__________两大指标表示。
8. 机械加工工艺规程是指规定零件机械加工工艺过程和操作方法等的__________。
9. 毛坯上留作加工用的材料层，统称为____________。
10. 加工余量有__________和__________之分。

三、简答题

1. 什么是工艺过程？什么是工艺规程？

2. 工艺路线的制定需要完成哪些工作？

3. 加工阶段可以划分为哪几个阶段？

4. 加工工序的安排原则是什么？

5. 制订机械加工工艺规程的原则是什么？

实习报告27　数控车削加工（一）

一、判断题

1. 数控机床只要编制出加工程序，机床就可以全部自动操作，不需要人工控制。（　　）

2. 在数控机床上，一个程序只能实现一个工件的加工。（　　）

3. 数控车床的进给运动是车刀的移动。（　　）

4. 在 MDI 方式下，可以用机床操作面板上的数控系统键盘输入一段程序，然后通过循环启动键执行，这种方式主要用于简单的测试工作。（　　）

5. Auto 键又称为自动操作方式，是按照程序的指令控制机床连续自动加工的操作方式。（　　）

6. 快速定位指令 G00 控制的刀架移动速度不是由程序来设定，而是机床出厂时由生产厂家默认的。（　　）

二、选择题

1. 数控机床坐标系中，平行于机床主轴的直线运动为（　　）。

A. *X* 轴　　B. *Y* 轴　　C. *Z* 轴

2. 程序的输入、调用和修改必须在（　　）方式下进行。

A. 点动　　B. 快动　　C. MDI　　D. 编辑

3. 数控车床由机械部分、数控装置、（　　）驱动装置和辅助装置组成。

A. 电机　　B. 进给　　C. 主轴　　D. 伺服

4. 下列型号中，（　　）是加工工件最大直径为 ϕ400mm 的数控车床型号。

A. CJK0620　　B. CK6140　　C. XK5040

5. 数控机床实现换刀有（　　）方式。

（1）在 MDI 方式下实现换刀

（2）在手动方式下实现换刀

（3）利用刀架上的手柄实现换刀

A.（1）　　B.（2）　　C.（1）、（2）　　D.（1）、（2）、（3）

三、填空题

要使正在运行中的程序停止下来，操作面板上可以通过________按钮停止程序，按钮______可使程序继续运行；而______按钮一般是在发生意外时才使用的。

四、简答题

1. 简述与普通车床相比，数控车床进给机构有何特点？

2. 数控车床可以加工什么类型的零件？数控车床的加工范围广泛，如车端面，试列举不少于5个数控车床加工范围的例子。

实习报告28　数控车削加工（二）

一、判断题

1. G00 指令不仅能用作刀具从一点到另一点的快速定位，而且还能用于加工。（　　）

2. 数控机床在输入程序时，无论何种系统坐标值，不论是正整数还是小数都不必加入小数点。（　　）

3. 数控加工程序的编制方法主要有两种：手工编制程序和自动编制程序。（　　）

4. 零件切削加工顺序确定的原则为先粗后精。（　　）

5. 用于指令动作方式的准备功能的指令代码是 G 代码。（　　）

6. 数控机床执行直线插补指令时，程序段中必须有 F 指令。（　　）

二、选择题

1. 辅助功能中，与主轴有关的 M 指令是（　　）。

A. M06　　B. M09　　C. M08　　D. M05

2. 数控机床主轴以 1000r/min 的转速反转时，其指令应是（　　）。

A. M03 S1000　　B. M04 S1000　　C. M05 S1000

3. 程序结束后和光标返回程序开头的代码是（　　）。

A. M00　　B. M02　　C. M30　　D. M03

4. 数控加工零件是由（　　）来控制的。

A. 数控系统　　B. 操作者　　C. 伺服系统

5. 如果用 G99 来指定 CNC 车床进给速度时，则进给速度 F 的单位是以（　　）来表示的。

A. 每分钟的进给量（mm/min）

B. 每秒钟的进给量（mm/s）

C. 每转的进给量（mm/r）

6. 在后刀架车床上，车削一个圆弧时，圆弧起点在（0，0），终点在（20，-10），半径为 10，圆弧起点到终点的旋转方向为逆时针，则车削圆弧的指令为（　　）。

A. G02 X20.0 Z-10.0 R10.0 F0.05　　B. G03 X20 Z-10 R-10 F0.05

C. G03 X20.0 Z-10.0 R10.0 F0.05　　D. G02 X30 Z-10 R-10 F0.05

三、简答题

1. 简述指令 G01 与 G00 的区别。

2. 如何判别逆时针圆弧插补与顺时针圆弧插补？

实习报告29　数控车削加工（三）

一、选择题

1. 在 CRT/MDI 面板的功能键中，用于程序编制的键是（　　）。

A. PROG　　B. POS　　C. ALARM

2. 数控程序编制功能中常用的删除键是（　　）。

A. INSRT　　B. DELET　　C. ALTER

3. 数控零件加工程序的输入必须在（　　）下进行。

A. 手动方式　　B. 手动输入方式

C. 自动方式　　D. 编辑方式

4. 数控系统常用的两种插补功能分别是（　　）。

A. 直线插补和圆弧插补

B. 直线插补和抛物线插补

C. 圆弧插补和抛物线插补

D. 螺旋线插补和抛物线插补

5. 在有刀具补偿的情况下换三号刀的代码是（　　）。

A. T0300　　B. T03　　C. T0303

6. 数控车床中，转速功能字 S 指定的单位为（　　）。

A. r/min　　B. mm/r　　C. mm/min

7. 数控机床编程时，应首先设定的是（　　）。

A. 机床原点　　B. 固定参考点

C. 机床坐标系　　D. 工件坐标系

8. 程序校验和首件试切的作用是（　　）。

A. 检验参数是否正确

B. 检验机床是否正常

C. 提高加工质量

D. 检验程序是否正确以及零件的加工精度是否满足图样要求

9. 数控机床的“回零”操作是指回到（　　）。

A. 换刀点　　B. 机床的参考零点

C. 对刀点　　D. 编程原点

二、简答题

根据给定图形以及尺寸要求写出最后的精加工程序（图 29-1 毛坯料为 ϕ25mm 的棒料，图 29-2 毛坯料为 ϕ60mm 的棒料）。

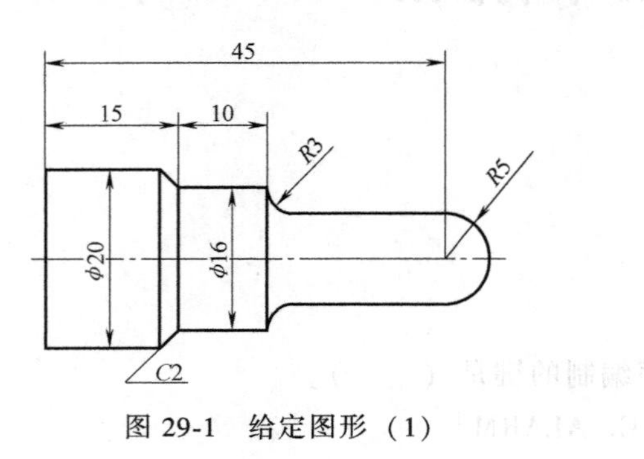

图 29-1　给定图形（1）

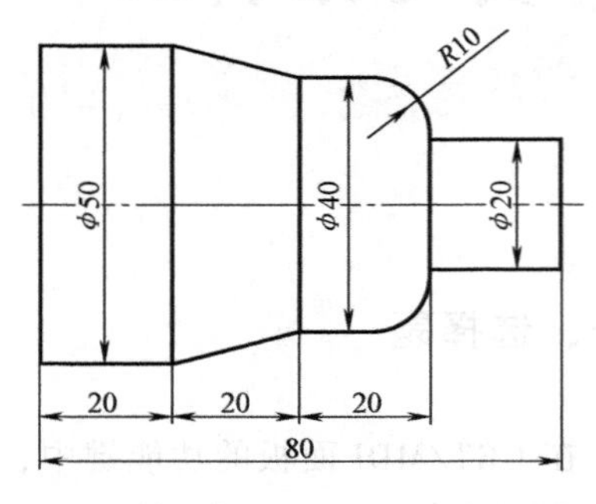

图 29-2　给定图形（2）

总结

通过本工种的实习，掌握了哪些操作技能，积累了什么经验，有什么认识、体会及建议？

实习报告30　加工中心（一）

一、填空题

1. 数控加工的编程方法有____________和____________。

2. 数控机床中的标准坐标系采用笛卡儿直角坐标系，并规定___________刀具与工件之间距离的方向为正方向。其中，_________的方向为 X 轴方向，_________的方向为 Y 轴方向，__________的方向为 Z 轴方向。

二、选择题

1. 加工中心的基本控制轴数是（　　）。

A. 一轴　　B. 二轴　　C. 三轴　　D. 四轴

2. 采用数控机床加工的零件应该是（　　）。

A. 单一零件　　B. 大批量　　C. 多品种中、小批量

3. 加工中心与数控铣床的主要区别是（　　）。

A. 数控系统复杂程度不同

B. 机床精度不同

C. 有无自动换刀系统

4. 按照主轴在加工时的空间位置分类，加工中心可分为立式、卧式、（　　）加工中心。

A. 不可换主轴箱　　B. 三轴、五面

C. 复合、四轴　　D. 万能

5. 某系统在（　　）处拾取反馈信息，该系统属于闭环伺服系统。

A. 校正仪　　B. 角度控制器

C. 旋转仪　　D. 工作台

6. 某系统在（　　）处拾取反馈信息，该系统属于半闭环伺服系统。

A. 转向器　　B. 速度控制器

C. 旋转仪　　D. 电动机轴端

三、名词解释

1. 数控机床

2. 加工中心

四、简答题

1. 简述加工中心的主要组成。

2. 简述数控设备的特点。

3. 在表30-1中填入开环、闭环和半闭环系统在结构形式、精度和成本方面，各有何特点。

表30-1　开环、闭环和半闭环系统比较

系统	结构形式	精度	成本
开环系统			
闭环系统			
半闭环系统			

实习报告31　加工中心（二）

一、选择题

1. CAXA、CAM 软件主要用于（　　）。

A. 产品设计　　B. 应力设计　　C. 计算机辅助编程

2. 加工中心的默认加工平面是（　　）。

A. *XY* 平面　　B. *XZ* 平面　　C. *YZ* 平面

3. 清根加工属于（　　）加工。

A. 半精加工　　B. 精加工　　C. 补加工　　D. 其他

4. 从安全高度切入工件前刀具行进的速度称为（　　）。

A. 进给速度　　B. 接近速度　　C. 快进速度　　D. 退刀速度

5. CAXA 制造工程师的平面轮廓精加工是（　　）。

A. 二轴加工　　B. 二轴半加工　　C. 三轴加工　　D. 曲面加工

6. 加工轨迹中相邻两行刀具轨迹之间的距离称为（　　）。

A. 步长　　B. 加工　　C. 行距　　D. 残留高度

7. 安全高度、起止高度、慢速下刀高度这三者的关系是（　　）。

A. 安全高度>起止高度>慢速下刀高度

B. 起止高度>安全高度>慢速下刀高度

C. 起止高度>慢速下刀高度>安全高度

D. 慢速下刀高度>起止高度>安全高度

二、简答题

1. 什么是工件坐标系？工件坐标系原点位置的选择应遵循什么原则？

2. 数控机床编程可分为哪些步骤？

3. CAXA 制造工程师软件中空格键、F3 键和 F5 键的作用分别是什么？

4. 数控机床零件加工的一般步骤是什么？

实习报告32　加工中心（三）

一、选择题

1. 机床启动后应首先检查（　　）是否正常。

A. 机床导轨　　B. 各开关按钮和按键

C. 工作台面　　D. 护罩

2. 数控机床加工调试中遇到问题想停机应先停止（　　）。

A. 冷却液　　B. 进给运动　　C. 主运动　　D. 辅助运动

3. 从概念上讲，数控机床的参考点与机床坐标系原点（　　）。开机时进行的回参考点操作，其目的是（　　）。

A. 不是一个点，建立工件坐标系　　B. 是一个点，建立工件坐标系

C. 是一个点，建立机床坐标系　　D. 不是一个点，建立机床坐标系

4. 在加工中心上，为确定工件在机床中的位置，要设定（　　）。

A. 机床坐标系　　B. 笛卡儿坐标系　　C. 局部坐标系　　D. 工件坐标系

5. 加工中心执行顺序控制动作和控制加工过程的中心是（　　）。

A. 基础部件　　B. 主轴部件　　C. 数控系统　　D. ATC

6. 加工中心回参考点的顺序是（　　）。

A. X 轴、Y 轴、Z 轴　　B. X 轴、Z 轴、Y 轴

C. Y 轴、Z 轴、X 轴　　D. Z 轴、X 轴、Y 轴

二、简答题

1. 简述加工中心常见刀库种类，以及有哪些换刀方式？请说明 VDL600A 加工中心如何换刀？

2. 简单叙述图 32-1 和图 32-2 两个图形的编程步骤。

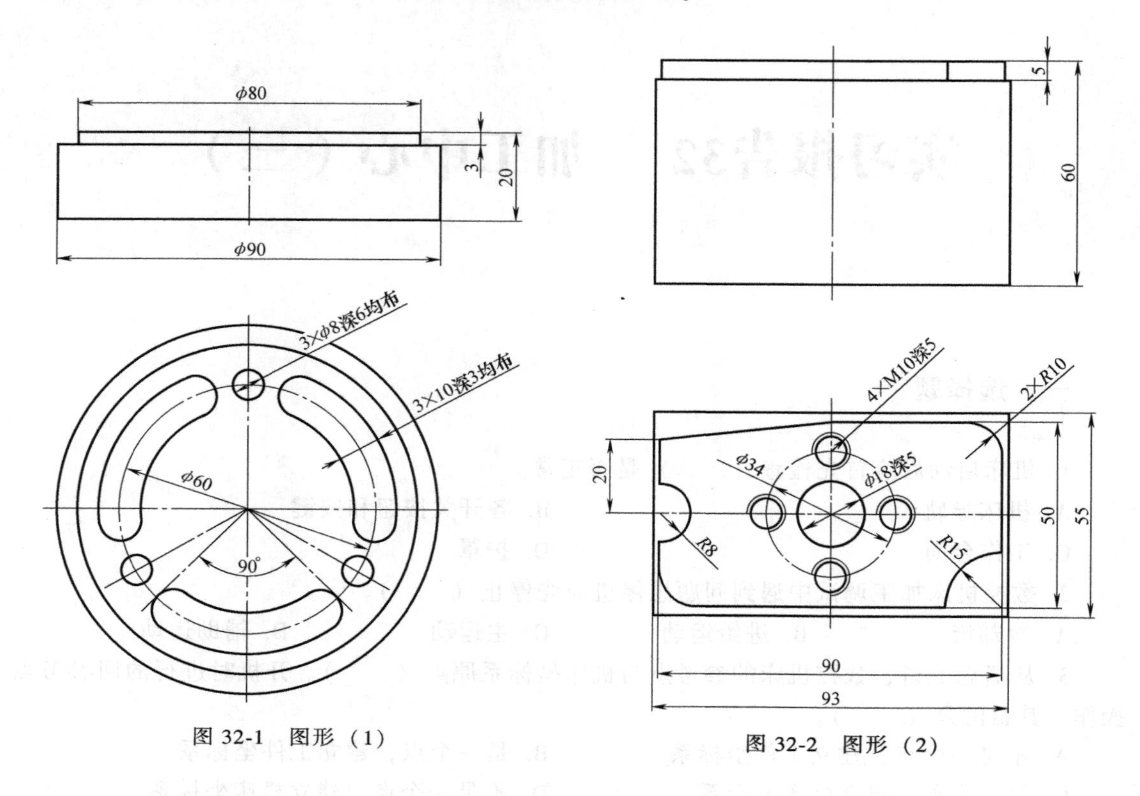

图 32-1 图形（1）

图 32-2 图形（2）

总结

通过本工种的实习，掌握了哪些操作技能，积累了什么经验，有什么认识、体会及建议？

实习报告33　智能制造

一、填空题

1. 智能制造技术是__________、__________和________等学科相互渗透、相互交织而形成的一门综合技术。

2. 智能制造的核心是__________、__________和________。

3. 智能制造生产线包括控制中心__________、成品区、__________、____________和________。

二、选择题

1. 智能制造生产线的加工对象是（　　）。

A. 电动车轮毂　　B. 手轮　　C. 转向架

2. 智能制造生产线的特色功能是（　　）。

A. 制造过程数字化　　B. 管理手段信息化

C. 质量控制智能化　　D. 技术分析大数据化

3. 仓储中心包括（　　）。

A. 原材料区　　B. 控制中心　　C. 成品区

4. 装配检测区的构成为（　　）。

A. 轴承压装机构和打螺丝机构　　B. 视觉检测系统

C. 打标系统　　D. 输送机构传动

三、简答题

1. 简述装配检测区的工作流程。

数字孪生仿真

2. 简述智能制造生产线的工作流程。

3. 简述智能制造的概念。

实习报告34　3D打印

一、填空题

1. 快速成形主要的成形工艺有四种：________________、________________、________________和________________。

2. 快速成形技术彻底摆脱了传统的________________加工法，而采用全新的______加工法。

3. ______格式是快速成形系统经常采用的一种格式。

4. 用于 FDM 的支撑的类型为________________和________________。

5. 四种主要的快速成形工艺中不需要激光系统的是________________。

6. FDM 中要将材料加热到其熔点以上，加热设备主要是________________。

二、选择题

1. 四种快速成形工艺不需要激光系统的是（　　）。

A. SLA　　B. LOM　　C. SLS　　D. FDM

2. 四种快速成形工艺不需要支撑结构系统的是（　　）。

A. SLA　　B. LOM　　C. SLS　　D. FDM

3. 四种快速成形工艺中，可生产金属件的是（　　）。

A. SLA　　B. LOM　　C. SLS　　D. FDM

三、简答题

1. 简述快速成形原理。

2. 简述 3D 打印的工艺过程。

3. 什么是反求工程？它的应用领域有哪些？

4. 结合课程知识点，谈谈快速成形技术对新产品设计的作用。

总结

通过本工种的实习，掌握了哪些操作技能，积累了什么经验，有什么认识、体会及建议？

实习报告35　数控线切割加工（一）

简答题

1. 什么是特种加工？特种加工与传统机械加工的主要区别是什么？

2. 电火花加工的工作原理是什么？电火花加工机床的主要种类有哪几种？

3. 线切割加工的三个必要条件是什么？

4. 简述电火花线切割加工的主要特点及局限性。

5. 由指导教师指定图 35-1～图 35-4 中的一种图形，编制 3B 格式代码。

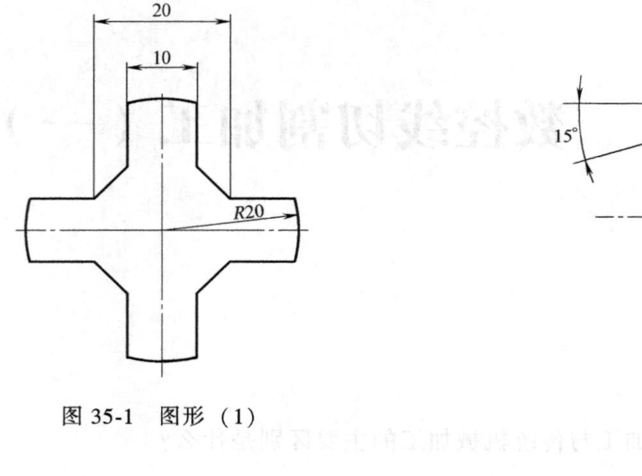

图 35-1　图形（1）

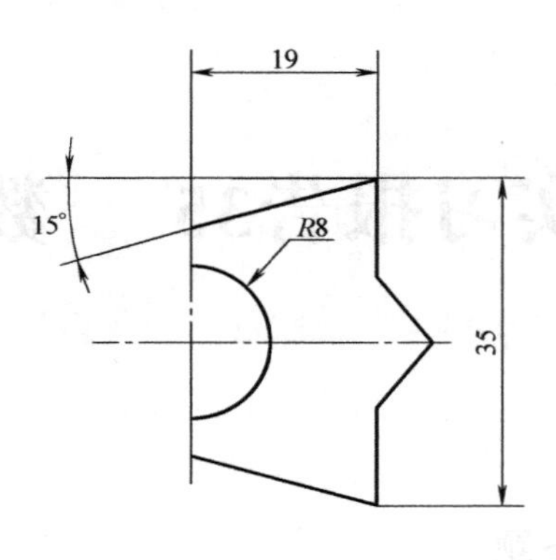

图 35-2　图形（2）

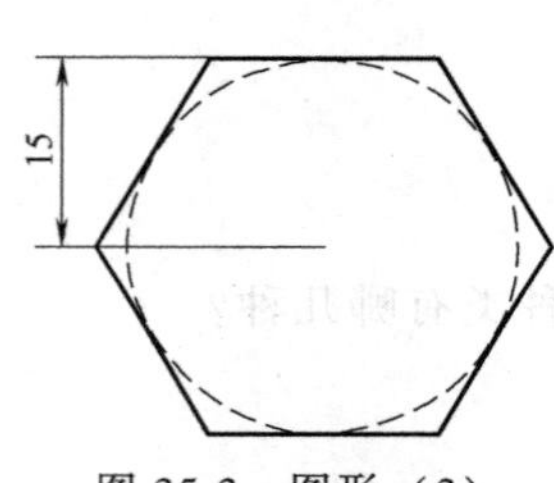

图 35-3　图形（3）

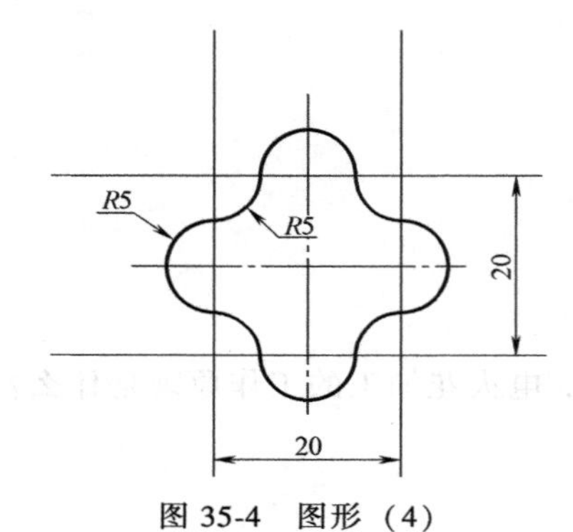

图 35-4　图形（4）

实习报告36　数控线切割加工（二）

简答题

1. 线切割自动编程需要哪几个步骤？

2. 生成加工轨迹时对图形的要求是什么？

3. 写出线切割机床 DK7732 中各字母和数字的含义。

4. 结合图 36-1 所示线切割机床的控制面板，写出起动、关闭线切割机床的操作步骤。

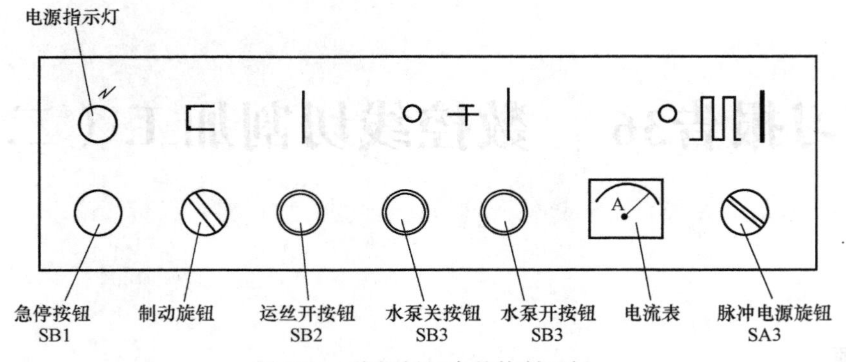

图 36-1　线切割机床的控制面板

实习报告37　数控线切割加工（三）

一、设计题

1. 自行设计线切割作品并加工（简述设计及加工过程）。

2. 线切割加工过程中，在零件装卡时需要注意哪些问题？

总结

通过本工种的实习，掌握了哪些操作技能，积累了什么经验，有什么认识、体会及建议。

实习报告38 气压传动（一）

一、填空题

1. 气动系统中的工作介质是____________。
2. 在气动系统中，气缸的运行轨迹是__________。
3. 在气动系统中，气源装置核心指的是____________。
4. 在气动系统中，气体产生的压力一般是______________MPa。
5. 在气动系统中，控制气体压力的元件有__________、__________、__________。
6. 在气动系统中，控制气体流量大小的元件是__________。

二、判断题

1. 在气动系统中，压缩空气的压力大小是可以控制的。（ ）
2. 在气动系统中，节流阀是直接控制气缸运行速度的。（ ）
3. 在气动系统中，单向阀是直接控制气缸运行顺序的。（ ）
4. 在气动系统中，起过载保护作用的阀是安全阀。（ ）

三、画图题

1. 画出气动系统中单向节流阀的图。

2. 画出气动系统中二位四通手动换向阀的图。

四、简答题

1. 简述在图 38-1 所示回路中气缸运行速度发生变化的原因。

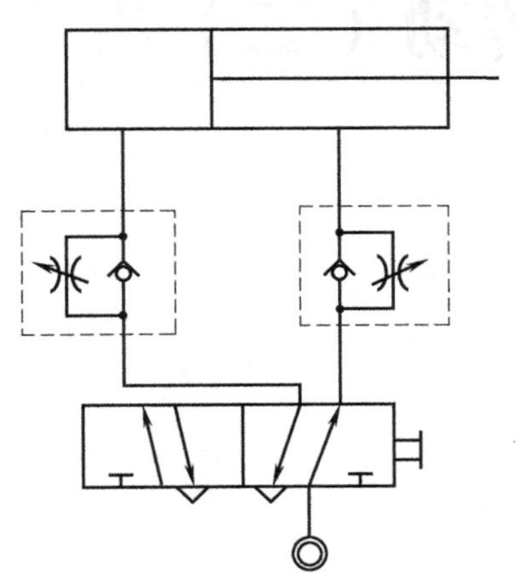

图 38-1　气动系统回路（1）

2. 简述图 38-2 所示气动系统形成差动回路的原因。

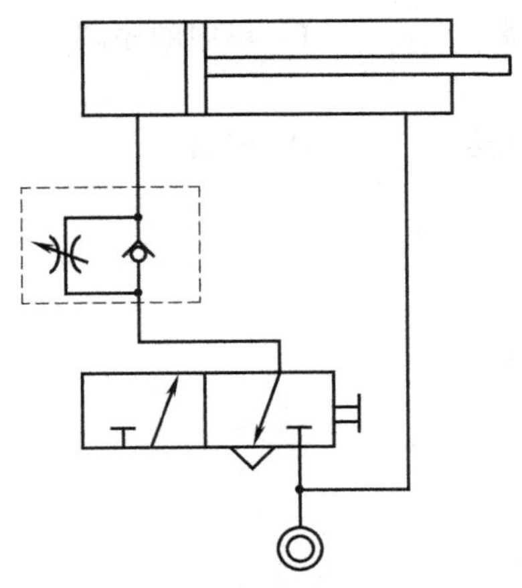

图 38-2　气动系统回路（2）

实习报告39　气压传动（二）

一、填空题

1. 在气动系统中，换向阀控制的是________。
2. 在气动系统中，顺序阀是控制________的。
3. 气动系统中，执行元件指的是__________、______。
4. 在气动系统执行元件中做回转运动的元件是________。
5. 在气动系统中，控制时间的换向阀是________。

二、选择题

1. 在气动系统中，起润滑作用的元件是（　　）。

A. 节流阀　　B. 顺序阀　　C. 油雾器　　D. 单向顺序阀

2. 气动系统中控制气体流向的元件是（　　）。

A. 过滤器　　B. 换向阀　　C. 气动马达　　D. 三通

三、简答题

1. 图 39-1 所示回路中气缸的运行是如何实现延时的？

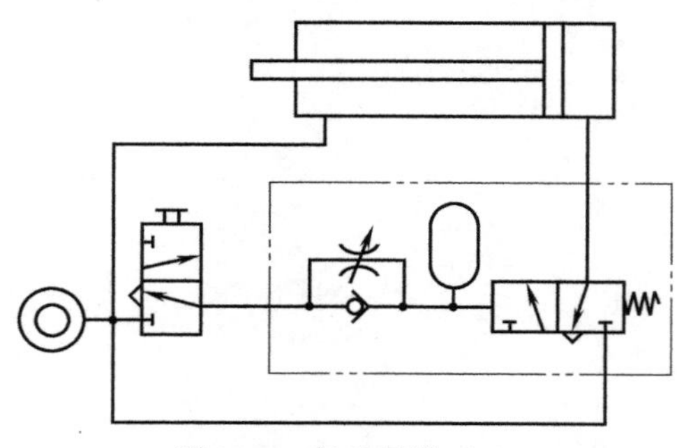

图 39-1　气动回路（1）

2. 简述图 39-2 所示回路中气缸运行产生 1→2→3→4 先后动作顺序的原因。

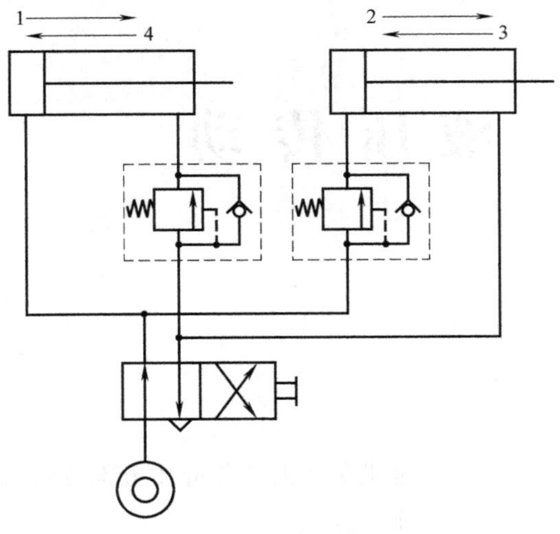

图 39-2　气动回路（2）

总结

通过本工种的实习，掌握了哪些操作技能，积累了什么经验，有什么认识、体会及建议？

实习报告40　液压传动

一、填空题

1. 液压系统由能源装置、执行装置、__________、辅助装置及工作介质五部分组成。
2. 液压系统中液体产生的压力在__________MPa 以上。
3. 液压系统中的执行装置有液压缸和__________。
4. 液压系统中的控制装置主要有压力阀、__________和方向阀。
5. 液压系统中常用于控制液压油流量大小而对压力改变不大的阀是__________。

二、选择题

1. 下列元件中控制液体压力的元件是（　　）。
A. 节流阀　　B. 调速阀　　C. 顺序阀
2. 液压系统中起过载保护作用的元件是（　　）。
A. 安全阀　　B. 调速阀　　C. 溢流阀
3. 液压系统中控制液体流量的元件是（　　）。
A. 节流阀　　B. 电磁阀　　C. 顺序阀
4. 液压系统中控制液体单方向流动的元件是（　　）。
A. 换向阀　　B. 比例换向阀　　C. 液控单向阀
5. 液压系统中用工作油液产生的压力使电气触点开、关的液电信号转换元件是（　　）。
A. 换向阀　　B. 梭阀　　C. 压力继电器

三、判断题

1. 在液压系统中，液压油的压力大小是可调的。（　　）
2. 在液压系统中，安全阀是直接控制液压油流量大小的。（　　）
3. 在液压系统中，顺序阀是直接控制液压缸运行先后顺序的。（　　）
4. 在液压系统中，溢流阀的阀是控制油液压力的。（　　）
5. 在液压系统中，油液的工作温度可低于 15℃。（　　）

四、简答题

1. 简述图 40-1 回路中节流阀的作用。

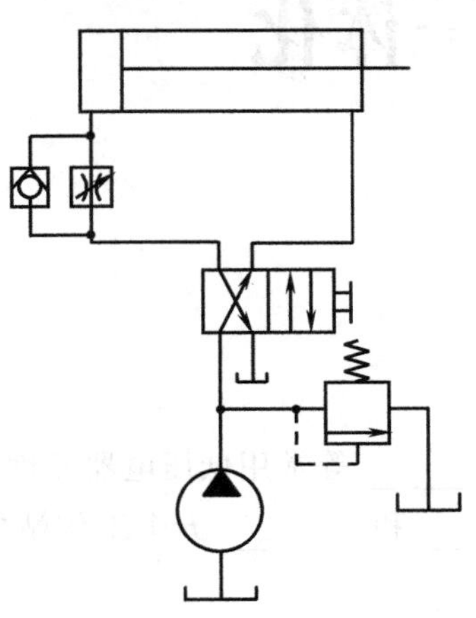

图 40-1　液压回路（1）

2. 简述图 40-2 差动运动回路形成的原因。

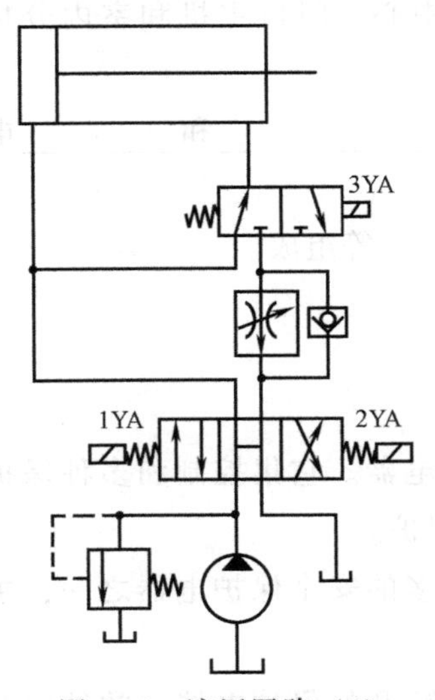

图 40-2　液压回路（2）

实习报告41　机电一体化

一、填空题

1. 万用铣床设备有________、________、________和________等常用低压电器元件。

2. 815Q 设备由________、________、________、________和________五个工作站单元组成。

3. 815Q 设备包含________、________、________和________等技术。

4. 智能楼宇主要由________、________和________三个子系统组成。

5. 消防子系统主要核心控制元件是________。

6. 对讲子系统使用________通信设备，用来连接管理中心、门口主机和室内分机等设备。

7. 室内安防系统主要有________、________、________、________和________电器元件。

8. 监控子系统由________、________、________和________等组成。

二、判断题

1. 低压断路器又称空气开关，是一种重要的控制和保护电器。它集控制和多种保护功能于一体，可对电路或用电设备实现过载、短路和欠电压等保护。（　）

2. 熔断器是低压电力拖动系统和电气控制系统中使用最多的安全保护电器之一，主要用于短路保护，也可用于负载过载保护。（　）

3. 热继电器是利用电流的热效应推动机构使触点闭合或断开的保护电器，常见的有双金属片式热继电器。（　）

4. 接触器按工作电流不同可分为交流接触器和直流接触器两大类。交流接触器的电磁机构主要由线圈、铁心和衔铁组成；交流接触器的触点由三对主触点和四对辅助触点组成。（　）

三、简答题

1. 简述万用铣床和立体车库实训设备的控制原理及主要区别。

2. 815Q 实训台包含几个工作站？简述各个工作站的功能和作用。

3. 智能楼宇主要包含几个子系统？简述各个子系统的功能和作用。

多线联动智能制造

实习报告42　汽车电路

一、填空题

1. 立体车库的核心控制元件是________。

2. 立体车库核心控制部件的输入端子连接的元件有________、________、________和________等，输出端子连接的元件有________和________等。

3. 汽车电源由________和________两部分构成。

4. 汽车点火系统主要由________、________和________等构成。

二、判断题

1. 立体车库设备上汽车托盘的上下、左右不同方向移动是通过改变直流电动机的电源极性来实现的。（　）

2. 立体车库设备上光电传感器是用来检测汽车托盘上是否有车辆。（　）

3. 立体车库设备上微动开关的作用是检测汽车托盘的位置。（　）

4. 汽车上的起动系统主要作用是起动发动机，由起动机和控制电路组成。控制电路部件主要包含控制电路蓄电池、点火开关、起动继电器和起动磁力开关等。（　）

5. 汽车上的点火系统主要作用是产生电火花、点燃发动机气缸中的可燃混合气体。（　）

6. 汽车曲轴位置传感器的作用是检测汽车点火时刻。（　）

7. 汽车照明系统由车内照明系统组成。（　）

8. 发动机不工作或起动时由蓄电池供电。发动机起动后，发电机产生电能向各用电设备供电，同时向蓄电池充电。（　）

三、简答题

1. 简述立体车库的工作原理。

2. 简述汽车起动过程和原理。

3. 简述你在汽车外观设计上有什么创新想法？可以画图表示。

实习报告43　激光加工

一、判断题

1. 激光打标是接触式加工。（　）

2. 激光切割5mm厚的有机玻璃时，发现没有切透，可以通过增大切割功率、降低切割速度或两者结合使用，以达到切割目的。（　）

3. 激光加工中应根据所使用激光器的波长选用合适的激光防护镜。（　）

二、选择题

1. 实训中，利用激光混切机对5mm椴木板进行切割，属于（　）。

A. 汽化切割　B. 熔化切割　C. 氧助熔化切割　D. 控制断裂切割

2. 我国发明的第一台激光器是（　）。

A. 红宝石激光器　B. YAG激光器　C. CO_2激光器　D. 半导体激光器

3. 激光切割中若“模拟加工输出”时发现未能将内部图形全部切割加工完成就开始加工外部图形，应该选择（　）。

A. 曲线光滑　B. 删除重叠线　C. 闭合检查　D. 优化排序

4. CO_2激光器属于气体激光器，其工作波长为（　）。

A. 10.6μm　B. 1064nm　C. 532nm　D. 1080nm

三、简答题

1. 简述激光的特点。

2. 简述激光内雕作品出现成片“炸点”的原因。

3. 激光打标加工金属名片时，名片被打穿的主要原因是什么？

4. 简述激光切割的优点。

实习报告44　电工电子（一）

一、判断题

1. 电烙铁使用完毕后应放在烙铁架上，以防烫伤。（　　）

2. 电烙铁在使用以前不需要对电源线进行绝缘检查。（　　）

3. 从焊接开始到焊锡凝固这一段时间，被焊元器件需要保持稳定。（　　）

4. 离开实习教室前，要拔下电烙铁电源插头，切断电源开关。（　　）

5. 在电子产品通电调试时，应先保证接好电路，检查无误后方可通电调试；在调试结束或遇到故障时，应先断开电源后再检查相应电路。（　　）

6. 钎料需具有良好的导电性能，较低的熔点及一定的机械强度。（　　）

二、选择题

1. 在一般焊接印制电路板的过程中，适用于35W以下的小功率电烙铁的最常见的一种握法是（　　）。

A. 反握法　　B. 正握法　　C. 正反握法　　D. 笔式握法

2. 质量良好的焊点看上去（　　）。

A. 表面质量好，大小均匀，呈球形

B. 表面质量好，大小均匀，呈圆锥形

3. 在焊接过程中，我们所使用的钎料具有（　　）。

A. 良好的导电性及较低的熔点

B. 良好的导电性及较高的熔点

三、填空题

1. 常用的电烙铁分为__________、__________和恒温式。

2. 焊锡丝是由大约60%（质量分数）的____和40%（质量分数）的____组成，还含有微量的________成分。

3. 焊锡丝的熔点为______，最佳的焊接温度为______。

4. 标准焊点形成的时间是______s，最长不要超过______s。

四、简答题

1. 简述常用的助焊剂是什么，以及助焊剂的作用。

2. 简述焊接过程中镊子的两个作用。

3. 简述焊点形成的5个步骤。

4. 电阻R1用色环法表示，请写出绿、蓝、红3种色环各代表什么意思。

实习报告45　电工电子（二）

一、选择题

集成电路引脚排列如图 45-1 所示，第一引脚是在（　　）处。

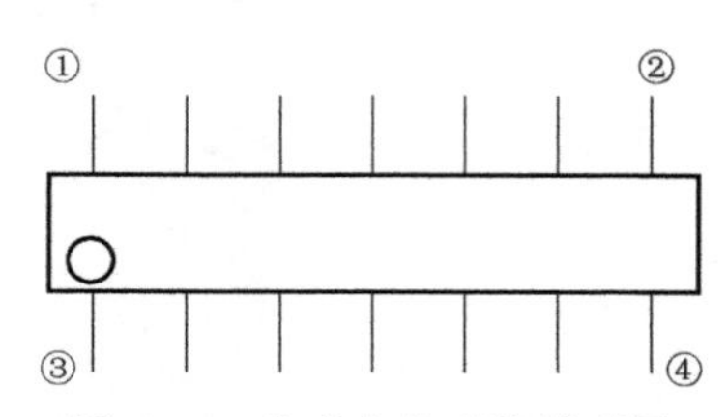

图 45-1　集成电路引脚排列图

A. ①　　　B. ②　　　C. ③　　　D. ④

二、填空题

1. 电路中电阻用字母____表示，电容用字母____表示，电感用字母____表示。
2. 二极管用字母______表示，二极管具有______的特性。
3. 集成电路的 3 个特性是：________、________和________。

总结

通过本工种的实习，掌握了哪些操作技能，积累了什么经验，有什么认识、体会及建议？

实习报告46　工业机器人

一、判断题

1. 被誉为“工业机器人之父”的约瑟夫·英格伯格最早提出了工业机器人概念 。（　　）
2. 工业机器人的机械结构系统由基座、手臂、手腕、末端操作器四大件组成。（　　）
3. 工业机器人最早应用于汽车制造工业。（　　）
4. 机器人手爪和手腕最完美的形式是模仿人手的多指灵巧手。（　　）
5. 承载能力是指机器人在工作范围内特定位姿上所能承受的最大质量。（　　）
6. 机器人编程就是针对机器人为完成某项作业进行程序设计。（　　）
7. 机械手也可称之为机器人。（　　）
8. 任何复杂的运动都可以分解为由多个平移和绕轴转动的简单运动的合成。（　　）
9. 机器人的正面作业应与机器人保持 100mm 以上的距离。（　　）
10. 工业机器人的精度是指定位精度和重复定位精度。（　　）

二、选择题

1. 机器人按照应用类型可分为三类，（　　）属于错误分类。

A. 工业机器人　　B. 极限作业机器人

C. 娱乐机器人　　D. 智能机器人

2. 最早提出工业机器人的概念，并申请了专利的是（　　）。

A. 戴沃尔　　B. 约瑟夫·英格伯格

C. 理查德·豪恩　　D. 比尔·盖茨

3. 我国于哪一年开始研制自己的工业机器人（　　）。

A. 1958 年　　B. 1968 年　　C. 1986 年　　D. 1972 年

4. 工业机器人一般需要（　　）个自由度才能使手部达到目标位置并处于期望的状态。

A. 3　　B. 4　　C. 6　　D. 9

5. 下面哪种能力不是人工智能所包含的？（　　）

A. 感知能力　　B. 思维能力　　C. 表达能力　　D. 运动能力

三、填空题

1. 机器人一般由三个部分组成，分别是________________、________________和________________。

2. 机器人的重复定位精度是指在同一______________、同一______________、同一______________、同一______________下，机器人连续重复运动若干次时，其位置分散情况。

3. 机器人的驱动方式主要有__________、__________和__________三种。

四、简答题

1. 目前我国机器人研究的主要内容是什么？

2. 目前工业机器人领域常用的新型驱动方式有哪些？

3. 在机器人应用中，电动机应具备哪些基本性能？

实习报告47　竞技机器人（一）

一、判断题

1. 国际上普遍认为机器人是靠自身动力和控制能力来实现各种功能的一种机器。（　）
2. 液压马达是机器人液压系统的一种控制调节原件。（　）
3. 步进电动机是一种将电脉冲信号转化成相应的角位移或直线位移的闭环控制电动机。（　）
4. 步进电动机驱动具有易实现正、反转和启、停控制，且启停时间短的特点。（　）
5. 红外传感器是利用红外线的物理性能来进行测量的传感器。（　）
6. 超声波传感器是非接触式的物位传感器。（　）
7. 红外探测法是利用红外线在不同颜色的物体表面具有不同反射强度的特点进行红外线寻迹的。（　）

二、选择题（多选题）

1. 履带式移动机器人的驱动系统由（　）等部分组成。

A. 电动机　　B. 减速箱

C. 数字私服驱动器　　D. 光电编码器

2. 机器人液压驱动系统由（　）组成。

A. 液压泵　　B. 液动机

C. 控制调节装置　　D. 辅助装置

3. 下列关于机器人气动驱动系统的描述正确的是（　）。

A. 空气取之不竭，用过之后可直接排放，不需要回收再处理，对环境无污染

B. 空气的黏性很小，管路中能量损失也就很小，适用于远距离输送

C. 气压原件结构复杂，不易加工，但使用寿命长，管路不易堵塞

D. 与液压传动系统相比，气动驱动系统的动作更灵活，反应更灵敏

4. 多旋翼飞行器根据其功能特点主要应用于（　）的任务类型。

A. 低空　　B. 低速

C. 垂直起降　　D. 悬停

三、填空题

1. 陀螺仪由于良好的______和______，广泛应用于航空和航海上航行姿态及速率的测定。

2. 电动机驱动装置通常采取________和________两种布置方式。

3. 履带式移动机器人包括________系统和________系统。

四、简答题

1. 机器人的一般分类方式是什么？

2. 舵机的基本组成结构是什么？

3. 多旋翼飞行器的动力系统有哪些部分组成？

实习报告48　竞技机器人（二）

一、判断题

1. 人工智能是研究和开发用于模拟、延伸及扩展人的智能的理论、方法、技术及应用系统的一门新的技术科学。（　　）

2. 笛卡儿坐标系是以各运动关节为参照确定的坐标系。（　　）

3. 1995年，世界上第一台达芬奇微创手术机器人由美国直觉手术机器人公司推出。（　　）

4. 日本软银公司发布的“Pepper”机器人是全球首款消费类智能人形机器人。（　　）

5. 水中机器人比赛全局视觉组赛项中，上位机是通过比赛水池上方的红外传感器获取全局信息的。（　　）

6. VEX世界锦标赛是世界最大规模的机器人比赛。（　　）

7. 在机械臂完全断电的情况下，才能断开或者连接外部设备，如蓝牙、WIFI、手柄、红外传感器套件、颜色传感器套件等，否则容易造成机器损坏。（　　）

二、选择题

1. 人工智能技术的核心包括（　　）。

A. 计算机视觉　B. 机器学习　C. 自然语言学习　D. 语音识别

2. 水中机器人比赛自主视觉组赛项中，机器人采用自带摄像头等传感器（　　）的分布控制方式进行操作。

A. 自主感知环境　B. 自主分析　C. 自主　D. 自主定位

3. NAO机器人的基本感知能力是能够对（　　）的基本刺激作出反应。

A. 声音　B. 移动物体　C. 触觉　D. 人

三、填空题

1. Dobot Magician机械臂的运动模式包括______、______和______。

2. Dobot Magician的点位模式包括______、______和______三种运动模式。

3. 计算机视觉最广泛的应用是______和______。

4. ________是国内最权威、影响力最大的机器人技术大赛和学术大会。

四、简答题

1. 按图中位置指出 Dobot Magician 机械臂的基本结构。

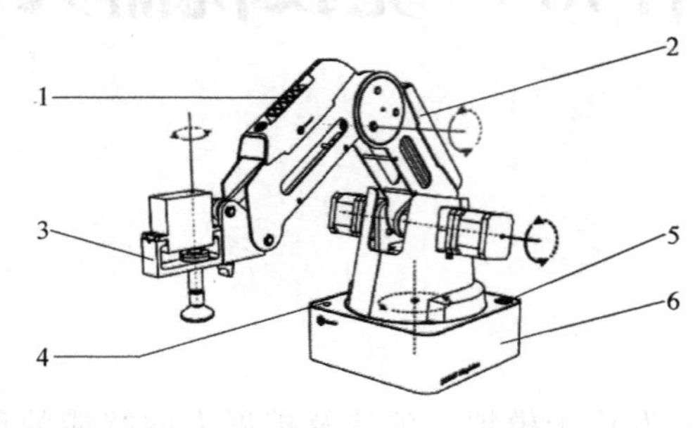

2. 什么是示教再现功能？

3. 谈谈你所了解的机器人比赛，写出最喜欢的形式或种类并阐述原因。